新产业·新乡村 绿水青山系列丛书

乡村网店美工

主 编 李 晶 黄思群

北京邮电大学出版社
www.buptpress.com

内容简介

本书从“学以致用”的角度出发，结合乡村网店实例，首先叙述了网店美工在网店中的重要性、网店美工的设计法则、美学基础及视觉营销等内容，然后精选了 Photoshop 在网店设计中的相关商业案例，系统并全面地讲解了 Photoshop 网店美工的实战应用和技能知识。

图书在版编目（CIP）数据

乡村网店美工 / 李晶，黄思群主编 .-- 北京 ：北京邮电大学出版社，2018.9（2020.4 重印）
ISBN 978-7-5635-5419-5

Ⅰ.①乡… Ⅱ.①李… ②黄… Ⅲ.①电子商务—网站—设计 Ⅳ.①F713.361.2②TP393.092

中国版本图书馆 CIP 数据核字（2018）第 061173 号

书　　　名： 乡村网店美工
著作责任者： 李　晶　黄思群　主编
责 任 编 辑： 满志文　穆菁菁
出 版 发 行： 北京邮电大学出版社
社　　　址： 北京市海淀区西土城路 10 号（邮编：100876）
发　行　部： 电话：010-62282185　传真：010-62283578
E-mail： publish@bupt.edu.cn
经　　　销： 各地新华书店
印　　　刷： 北京玺诚印务有限公司
开　　　本： 720 mm×1 000 mm　1/16
印　　　张： 8.75
字　　　数： 170 千字
版　　　次： 2018 年 9 月第 1 版　2020 年 4 月第 9 次印刷

ISBN 978-7-5635-5419-5　　定　价：19.00 元

· 如有印装质量问题，请与北京邮电大学出版社发行部联系 ·

前　言

2017年10月18日，习近平同志在党的十九大报告中指出，必须树立和践行绿水青山就是金山银山的理念，坚持节约资源和保护环境的基本国策。随着乡村电子商务的发展壮大，与之相关的专业人才已经出现了巨大的缺口，尤其是针对网店方面的设计人才，几乎每个乡村电商企业都面临着该岗位的人才压力。乡村电商的多年发展无形中让这个新兴的职业从最初的摸着石头过河，变迁到现在的轻车熟路，无论是从理论上还是从实践上，都催生了一套属于自己的工作模式。

开一家网店，首先考虑的就是是否赢利。在价格、进货渠道、物流都已准备好的情况下，如何让自己的店铺更加吸引浏览者的目光，如何将逛网店的人群引导进入自己的店铺中，这一点正是开店者应该考虑的问题。通过视觉效果吸引买家绝对是一项既直观又经济的可操作选项。随着网店的发展，单纯地罗列商品已经不能在网店行业中立足，此时就催生了一个新的行业工种，也就是大家所说的网店美工。网店美工的任务就是使网店在视觉上夺人眼球，吸引买家进入店铺，在店铺中又再次被里面的商品宣传吸引，从而对卖家产生经济效益。市场上关于网店美工的书籍主要以理论、案例操作类和教程类为主，本书与它们的不同之处是，不仅在淘宝个人网店各个元素的设计上，而且在淘宝首页的直通车图片、钻展图片上都有精心设计的实例，还在图片来源、配色、修正等方面进行理论与实例相结合的详细讲解，真正做到了手把手教初学者轻松了解网店美工，了解网店设计的各个部分。

对于卖家而言，能够拥有产生经济效益的店铺是他们最大的心愿。在价格与特点都大体相同的情况下，无论是在产品重点、色彩还是在布局等方面，设计出更加吸引买家眼球的图像，绝对是提升卖点的一个保证。

本书的编者有着多年丰富的网店经营以及网店美工的工作经验，在书中将自己总结的经验和技巧展现给了读者，希望读者能够在体会设计软件的强大功能的同时，将设计创意和设计理念通过软件反映到网店的视觉效果上来，更希望通过本书能够帮助读者解决开店时遇到的设计难题。

本书主要面向想开网店的读者，是一本非常适合学习网店美工设计的学习资料。对于没有接触过网上开店或想自己设计网店的读者可轻松入门，对于已经可以自己进行网店店铺设计的读者，同样可以从中快速了解宝贝采集、视觉提升、提高店铺转化率以及设计元素方面的知识点，自如地踏上新的台阶。

编者

目　　录

第1章　苦练内功——Photoshop图片处理技法

Photoshop是Adobe公司旗下最有名的图像处理软件之一，是集图像扫描、编辑修改、图像制作、广告创意、图像输入与输出为一体的图形图像处理软件，深受广大平面设计人员和计算机美术爱好者的喜爱。Photoshop经过多次版本升级，其功能越来越强大，应用领域也越来越广泛，它横跨平面设计、网页设计、多媒体设计等多个领域。

本章将对Photoshop相关概念进行解释，并对图像分类进行剖析，然后对Photoshop的工作界面以及基本操作进行简要介绍。

1.1　图形图像的基本知识

我想了解

学习Photoshop之前必须介绍几个与图像有关的专业术语，像素、分辨率、位图、矢量图、色彩模式、文件格式等，只有充分理解这些术语的含义，才能为后面的学习打下基础。

我要知道

1.1.1　像素和像素尺寸

像素是Photoshop中组成图像的最基本的单元。一幅图像通常由多个像素组成，这些像素都被排列成网格。单位面积内的像素越多，就越能表现更多的细节，图像的质量也就越高，同时，保存图像所需的磁盘空间会越大，编辑和处理的速度也会越慢。

像素尺寸是指位图图像高度和宽度的像素数目。图像的显示尺寸是由像素尺寸和显示器大小等决定的。图像的文件大小与其像素尺寸成正比。

1.1.2　分辨率

分辨率是指单位长度内含有像素点的多少。分辨率不仅是指图像分辨率，它还包含显示器分辨率、位分辨率、打印机分辨率等。

图像分辨率是指图像中存储的信息量，通常用“像素/英寸”(ppi)表示，在图像尺寸不变的情况下，高分辨率的图像比低分辨率图像包含的像素多，像素点较小，因而图像更清晰。

当然要充分考虑图像的最终用途，以便对图像设置合适的分辨率。制作的图像如果用在计算机屏幕上显示，分辨率只要满足典型的显示器分辨率(72 ppi 或 96 ppi)就可以了；分辨率太高会增加图像文件的大小降低图像的打印速度；如果图像用于印刷，则图像分辨率应不低于 300 ppi。

1.1.3 矢量图形与位图图像

在计算机中，图像是以数字方式进行记录、处理和保存的，因此也称“数字图像”。一般来讲，数字图像主要分为矢量图形和位图图像两大类。

1. 矢量图形

矢量图形又称向量图形，内容以线条和色块为主。由于其线条的形状、位置、曲率、粗细都是通过数学公式进行描述和记录，因而矢量图形与分辨率无关，能以任意大小进行输出，不会遗漏细节或降低清晰度，更不会出现锯齿状的边缘现象，而且占用的磁盘空间也较少，非常适合网络传输。但是它不易制作色调丰富的图像，也不易在不同软件之间交换文件。

矢量图形在标志设计、插图设计以及工程绘图上占有很大的优势。制作和处理矢量图形的软件有 CorelDRAW、FreeHand、Illustrator 和 AutoCAD 等，如图 1-1所示。

(a) 原图

(b) 放大后的效果

图 1-1　矢量图

2. 位图图像

位图图像又称点阵图像，它是由许多个点组成的，这些点称为“像素”(Pixel)。这些不同颜色的点按照一定次序进行排列，就组成了五彩斑斓的图像。

位图图像可以精确地记录图像色彩的细微层次，逼真地再现真实世界，弥补了矢量图像的缺陷，如图 1-2 所示。但是此类图像占用的磁盘空间较大，在执行缩放或旋转操作时易失真。

(a) 原图

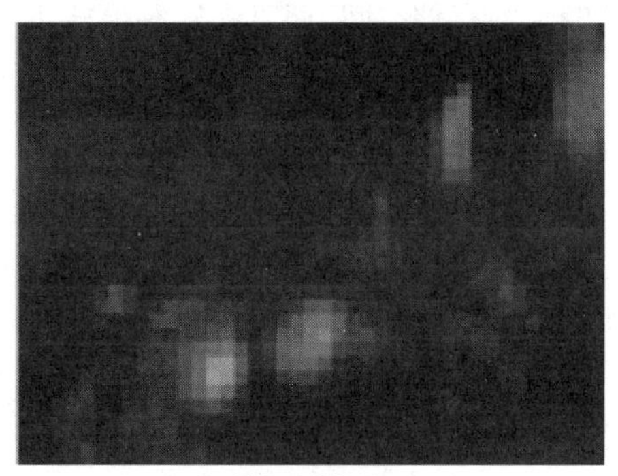

(b) 放大后的效果

图 1-2 位图

位图图像与分辨率有关。当位图图像在屏幕上以较大的放大倍数显示，或以过低的分辨率打印时，会出现锯齿状的图像边缘。

大多数的工具软件都适用于位图，因此位图文件可以方便地在不同软件间进行转换。制作和处理位图图像的常用软件有 Adobe Photoshop、Corel Photo-Paint、Fireworks 等。

1.1.4 图像颜色模式

在 Photoshop 中，颜色模式是一个非常重要的概念。只有了解了不同的颜色模式才能精确地描述、修改和处理色调，每一种颜色模式都有其特定的目的：为了方便打印，可以采用 CMYK 模式；为了给黑白相片上色，可以先将扫描成的灰度图像转换成彩色模式。

1. RGB 颜色模式

RGB 颜色模式是 Photoshop 默认的图像模式，它将自然界的光线视为由红(Red)、绿(Green)、蓝(Blue)三种基本颜色组合而成，每一种颜色都可以表现出 256 种不同浓度的色调，三种颜色交叠变化，可产生 1 670 多万种颜色。

RGB 颜色模式是 Photoshop 中常用的一种颜色模式，扫描输入或绘制的图像几乎都是以 RGB 颜色模式存储的。在 RGB 模式下处理图像较方便，而且比 CMYK 模式的图像文件要小得多，可以节省内存和磁盘空间。

2. CMYK 颜色模式

CMYK 颜色模式是一种基于印刷处理的颜色模式，由分色印刷的青色(Cyan)、洋红(Magenta)、黄色(Yellow)和黑色(Black)四种颜色混合而成。这种颜色模式和 RGB 颜色模式产生颜色的原理不同，RGB 产生颜色的方式称为加色，而 CMYK 产生颜色的方式称为减色。

在处理图像时，一般不使用 CMYK 颜色模式，因为这种模式的图像文件会占用较大的存储空间，而且在这种模式下，Photoshop 中的很多滤镜不能使用，因此，一般只在印刷时才将图像转换为 CMYK 颜色模式。

3. Lab 颜色模式

Lab 颜色模式解决了由于不同的显示器和打印设备所造成的颜色差异，换言之，这种模式不依赖于设备，它是一种独立于设备存在的颜色模式，不受任何硬件性能的影响。它由亮度(Lightness)和 a、b 两个颜色轴组成。

由于 Lab 颜色模式能表现的颜色范围最大，因此在 Photoshop 中，Lab 颜色模式是从一种颜色模式转到另一种颜色模式的中间模式。例如，将 RGB 颜色模式转换为 CMYK 颜色模式时，实际上是先将 RGB 颜色模式转换成 Lab 颜色模式，然后再转换成 CMYK 颜色模式。

4. 位图模式

位图(Bitmap)模式是一种单色模式，仅使用黑色和白色两种颜色来表示图像的像素，因此这种模式的图像也称黑白图像。位图模式占用的磁盘空间小，图像扫描的速度快，并且易于操作。

位图模式适合于黑白两色构成的、没有灰色阴影的图像。如果要将图像转换为位图模式，必须首先将图像转换成灰度模式，然后再由灰度模式转换为位图模式。

5. 灰度模式

灰度图像由 8 位/像素的信息组成，并使用 256 级的灰色来模拟颜色的层次。在灰度模式中，每一个像素都是介于黑色和白色之间的 256 种灰度值的其中一种。灰度模式可以和位图模式、RGB 模式的图像相互转换。当我们要制作黑白图像时，必须从单色模式转换为灰度模式；当我们从彩色模式转换为单色模式时，也需要首先转换成灰度模式，然后再从灰度模式转换成单色模式。

6. 索引颜色模式

索引颜色模式采用一个颜色表存放索引图像中的颜色。我们可通过限制调色板、索引颜色来减小文件的大小，同时保持视觉上的品质不变，如用于多媒体动画和网页制作。

索引颜色模式图像所占用的存储空间大约只有 RGB 颜色模式的三分之一。

1.1.5 常用图像文件格式

用 Photoshop 制作好一幅图像后，就需要进行存储，或置入到其他排版软件或图形软件中，这时选择一种合适的文件格式就显得十分重要。Photoshop 中有多种文件格式可供选择。在这些文件格式中，既有 Photoshop 的专用格式，也有用于应用程序交换的文件格式，还有一些比较特殊的格式。

1. PSD 和 PDD 格式

PSD 和 PDD 格式是 Photoshop 软件自身的专用文件格式，它们能够保存图像数据的细节部分，如图层、通道等 Photoshop 对图像进行特殊处理的信息。在没有最终决定图像的存储格式前，最好先以这两种格式存储。

以 PSD 格式保存时会将文件压缩，以减少其占用的磁盘空间，但由于 PSD 格式所包含的图像数据信息较多(如图层、通道、路径等)，因此比其他格式的图像文件要大得多。由于 PSD 文件分层，因此修改较为方便，这也是该文件格式的最大优点。PSD 文件格式是唯一能够支持全部图像色彩模式的格式。

2. TIF 格式

TIF 或 TIFF(Tag Image File Format)格式即标签图像文件格式。TIF 格式是印刷行业标准的图像格式，通用性很强，几乎所有的图像处理软件和排版软件都对其提供了很好的支持，因此被广泛应用于软件之间和计算机平台之间进行图像数据交换。

TIF 格式支持 RGB、CMYK、Lab、索引颜色、位图和灰度颜色模式，并且在 RGB、CMYK 和灰度三种颜色模式中还支持使用通道、图层和路径。

3. BMP 格式

BMP 是 Bitmap 的缩写，该格式可用于绝大多数 Windows 下的应用程序。BMP 格式使用索引色彩，可以使用 1 600 万种色彩渲染图像，因此这种格式的图像具有极其丰富的色彩。在存储 BMP 格式的图像文件时，进行的是无损压缩，能够节省磁盘空间，且不影响图像质量。

4. GIF 格式

GIF 是 Graphics Interchange Format 的缩写。GIF 格式的图像比较小，它是一种压缩的 8 位图像文件，通常使用此格式来缩短图像的加载时间。在网络上传送图像文件时，使用 GIF 格式的图像文件要比其他格式的图像文件快得多。

5. JPEG 格式

JPEG(Joint Photographic Experts Group)格式被译为联合图片专家组。JPEG 格式既是 Photoshop 支持的一种图像格式，也是一种压缩方案，JPEG 格式具有很好的压缩比，与 TIF 文件格式采用的无损压缩相比，它的压缩比例更大，但它使用的是有损压缩，在存储文件时会丢失部分图像数据。用户可以在存储前选择图像的存储质量，这样就能够控制数据的损失程度。

6. PNG 格式

PNG 是 Portable Network Graphics（轻便网络图形）的缩写，是 Netscape 公司为互联网开发的网络图像格式。可以在不失真的情况下压缩保存图像。但由于不是所有的浏览器都支持 PNG 格式，该格式的使用范围没有 GIF 和 JPEG 格式广泛。

我的目标

目标内容与要求

项目	知识点	技能要求
像素和像素尺寸	像素的概念； 像素尺寸的概念	了解图像组成方式。 了解像素尺寸的概念。 区别显示尺寸与打印尺寸的不同和用法。 创建以像素为单位的图像
分辨率	分辨率	掌握分辨率的概念。 注意分辨率两种单位英寸和厘米的区别。 学会根据不同需求设置不同分辨率
矢量图形与位图图像	矢量图形	了解矢量图的概念。 知道矢量图的几个软件，如 CorelDRAW、FreeHand、Illustrator 和 AutoCAD 等。 掌握矢量图的优缺点，如制图精确，放大缩小不失真，占用内存空间较小；色彩不够丰富，不利于软件间交换
	位图图像	了解位图图像的概念。 知道位图的几个软件，如 Adobe Photoshop、Corel Photo-Paint、Fireworks 等。 掌握位图的优缺点，如能够处理几乎涵盖自然界的所有色彩，易于软件间的交换；占用内存空间较大，有锯齿边缘，放大缩小易失真等
图像颜色模式	RGB 色彩模式； CMYK 色彩模式； Lab 色彩模式； 位图模式； 灰度模式； 索引颜色模式	掌握各个色彩模式的概念、原理、特点等。 根据需求使用，转换不同色彩模式

续表

目标内容与要求		
项目	知识点	技能要求
常用图像文件格式	PSD 格式 TIF 格式 BMP 格式 GIF 格式 JPEG 格式 PNG 格式	了解掌握各个文件格式的概念、原理、特点； 根据需求使用、转换，存储不同的文件格式

1.2　Photoshop 工作界面和基本操作

我想了解

在学习使用 Photoshop 前，都要先认识一下它的工作界面，了解其各部分的功能，熟练掌握其基本操作，这样才能进一步地学习。在 Windows 桌面上双击 Photoshop 图标，或单击“开始→程序→Adobe Photoshop”命令，即可启动 Photoshop CS3。打开图像文件后的工作界面，如图 1-3 所示。

图 1-3　工作界面

我要知道

1.2.1 Photoshop 工作界面

1. 标题栏

标题栏是 Windows 系统界面共有的特点，Photoshop 的标题栏也没有特殊之处，其左侧显示了应用程序的名称，右侧的 3 个按钮用于控制应用程序窗口的显示。当图像窗口处于最大化状态时，标题栏上将显示该文件的相关信息。

2. 菜单栏

菜单栏中共有 10 个菜单，用于执行文件、图像处理、窗口显示等操作。

3. 工具属性栏

工具属性栏又称工具选项栏，位于菜单栏下方，用于设置当前所选工具的参数，大多数工具选项都显示在属性栏中。

4. 工具箱

工具箱默认位于 Photoshop 工作界面左侧，其中包含各种常用的工具，用于绘图和执行相关的图像操作，包括选区工具、绘图工具、文字工具、图像编辑工具及其他辅助工具。

当工具箱未在工作界面中显示时，单击“窗口→工具”命令，可显示工具箱，再次执行上述命令，可隐藏工具箱。

要使用某种工具，只需在工具箱中单击该工具按钮或按相应工具的快捷键即可。另外，工具箱中的许多工具并没有全部显示出来，而是隐藏在右下角带小三角的工具组中。在此按钮上按住鼠标左键稍等片刻，即可弹出工具组菜单，显示该组工具。

1.2.2 Photoshop 基本操作

1. 文件基本操作

设计图形、图像前，首先要创建一个满足需要的新文件，编辑后需要将它保存到计算机中，以后还可以对其进行修改。下面就介绍如何新建、打开和保存文件。

(1) 新建图像

新建图像的操作非常简单，只需单击“文件→新建”命令或按“Ctrl＋N”快捷键，即可打开“新建”对话框，如图 1-4 所示。

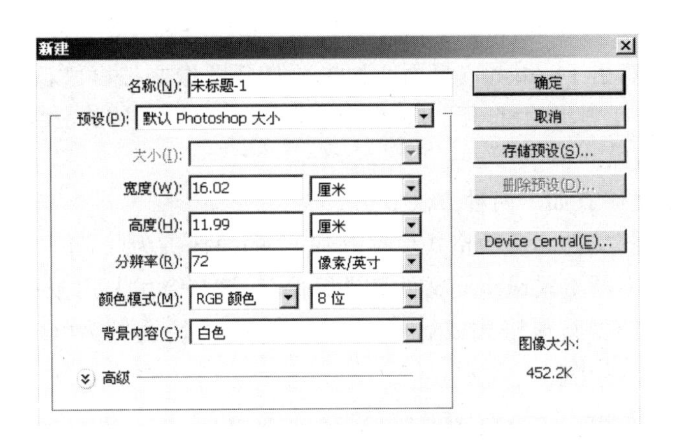

图 1-4　“新建”对话框

在该对话框中设置新文件的名称、尺寸、分辨率、颜色模式及背景。图像的宽度和高度单位可以设置为“像素”或“厘米”，分辨率的单位可以设置为“像素/英寸”或“像素/厘米”。

如果所制作的图像仅用于显示（如作为网页图像），则可将其分辨率设置为 72 像素/英寸；如果是用于平面设计或者希望进行印刷的彩色图像，其分辨率通常应设为 300 像素/英寸。

（2）打开图像

单击“文件→打开”命令或按“Ctrl＋O”快捷键，即可弹出“打开”对话框，如图 1-5所示。选择要打开的文件，单击“打开”按钮即可。

图 1-5　“打开”对话框

如果要新建图像文件，可以采用鼠标与键盘相结合的快捷方法：在按住“Ctrl”键的同时，用鼠标双击 Photoshop 桌面。如果要打开图像文件，可以直接用鼠标双击 Photoshop 桌面，在弹出的“打开”对话框中选择要打开的文件，单击“打开”按钮。

(3) 保存图像

保存图像文件有如下两种方法。

存储：用当前文件本身的格式保存，该命令的快捷键为“Ctrl＋S”。

存储为：以不同格式或不同文件名进行保存，该命令主要用于对打开的图像进行编辑后，将文件以其他格式或名称保存，该命令的快捷键为“Ctrl＋Shift＋S”。“存储为”对话框，如图 1-6 所示。

图 1-6 “存储为”对话框

2. 撤销与恢复操作

在设计与制作图像的过程中，难免会出现一些误操作，可使用 Photoshop 提供的撤销与恢复功能来还原或重做。

(1) 撤销操作

单击“编辑→后退一步”命令或按“Ctrl＋Alt＋Z”快捷键，可一步一步地撤销所有执行过的操作。

(2) 恢复操作

单击“编辑→向前一步”命令或按“Ctrl＋Shift＋Z”快捷键，可一步一步地重做被撤销的操作。

（3）使用“历史记录”调板

“历史记录”调板中记录了先前执行过的每一步操作，如图 1-7 所示。在“历史记录”调板中单击任何一条历史记录，图像将恢复到当前记录的状态，这样就可以一次撤销多步操作。而在“历史记录”调板中单击要恢复的历史记录选项，即可恢复多步操作。

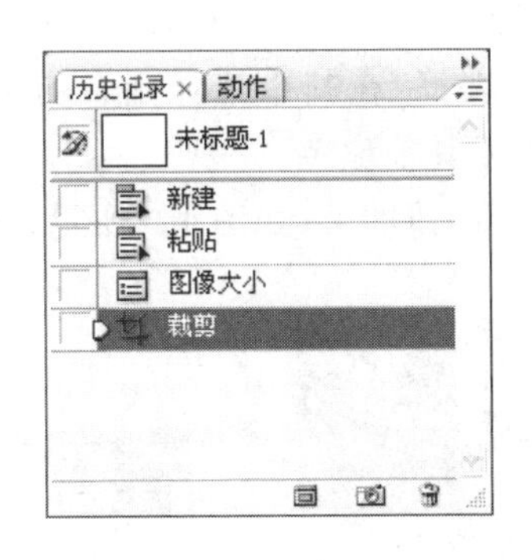

图 1-7　“历史记录”调板

3. 调整画布与图像尺寸

画布是显示、绘制和编辑图像的工作区域，调整画布大小可以在图像四周增加空白区域或者裁剪掉不需要的图像边缘。在图像编辑与处理过程中，可根据需要调整画布与图像尺寸。

（1）调整画布尺寸

要调整画布尺寸，可单击“图像→画布大小”命令或执行“Ctrl＋Alt＋C”快捷键，将弹出“画布大小”对话框，如图 1-8 所示。

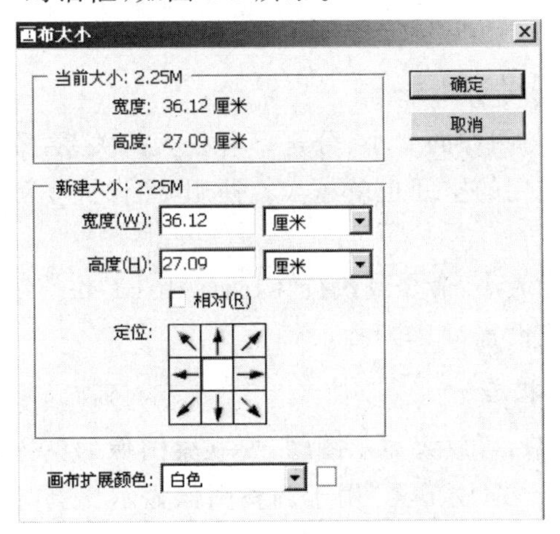

图 1-8　“画布大小”对话框

在该对话框中各选项的含义如下。

“当前大小”选项区：显示了当前画布的实际大小。

“新建大小”选项区：在其中设置画布新的宽度和高度，当设置的值大于原图大小时，系统将在原图的基础上增加画布区域；当设置的值小于原图大小时，系统将缩小的部分裁掉。

“定位”选项区：在其中设置画布尺寸调整后图像相对于画布的位置。

“画布扩展颜色”下拉列表框：在其中选择画布的扩展颜色，可以设置为背景色、前景色、白色、黑色、灰色或其他颜色。

设置完成后，单击“确定”按钮即可，如图 1-9 所示。

(a) 扩展前　　(b) 扩展后

图 1-9　扩展画布

(2) 设置图像尺寸与分辨率

图像质量的好坏与图像的大小、分辨率有很大的关系，分辨率越高，图像就越清晰，而图像文件所占用的空间也就越大。使用“图像大小”对话框可以改变图像的尺寸和分辨率。

单击“图像→图像大小”命令或执行“Ctrl＋Alt＋I”快捷键，将弹出“图像大小”对话框，可以进行相应设置，如图 1-10 所示。

4. 调整图像显示状态

要观察图像的细节，可放大显示图像；要观察图像的整体效果，可缩小显示图像。Photoshop 提供了“缩放工具”用于调整图像显示比例，并提供了“抓手工具”用于查看图像的不同部分。

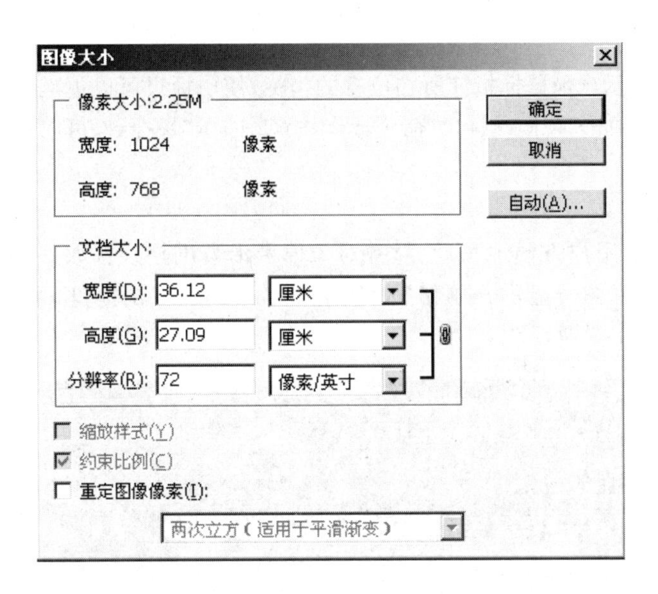

图 1-10　“图像大小”对话框

(1) 放大显示比例

在工具箱中选择“缩放工具”，这时鼠标指针变为形状，单击想要放大的图像区域，每单击一次，图像就会放大一个预定的百分比，当达到最大的放大倍数时，鼠标指针的中心将变为空白。按 Ctrl+“+”快捷键放大图像显示比例。

使用“缩放工具”在需要放大的图像区域中拖动鼠标，画出一个矩形范围，释放鼠标后，矩形范围中的图像将以可能的最大比例在窗口中显示。

(2) 缩小显示比例

在工具箱中选择“缩放工具”，按住“Alt”键，鼠标指针将变为形状，此时单击想要缩小的图像区域，每单击一次，图像就会缩小一个预定的百分比。按 Ctrl+“－”快捷键缩小图像显示比例。双击工具箱中的缩放工具，图像将以 100％的比例显示。

(3) 移动图像

当图像被放大，图像窗口右侧和底部出现滚动条时，使用“抓手工具”可以查看图像的不同部分。正在使用其他工具时，按住空格键可以临时切换到抓手工具。双击工具箱中的抓手工具，图像将以适合工作区的尺寸显示。

5. 使用绘图辅助工具

使用标尺、网格、参考线等辅助工具可以精确地处理、测量和定位图像，熟练应用这些工具可以提高处理图像的效率。

(1) 标尺

标尺用来显示当前鼠标指针所在位置的坐标，使用标尺可以更准确地对齐对象和选取一定范围。单击“视图→标尺”命令或者按“Ctrl＋R”快捷键，可以在窗口的顶部和左侧显示出标尺。

(2) 网格

网格有助于用户方便地移动、对齐对象以及沿着网格线选取一定的范围。

单击选择“视图→显示→网格”命令或按 Ctrl＋“＋”快捷键，可在图像窗口中显示网格，如图 1-11 所示。

图 1-11　显示网格

(3) 参考线

参考线与网格一样，也用于对齐对象，但是它比使用网格更方便，用户可以在工作区的任意位置上添加参考线。

创建参考线，有以下两种方法。

① 单击“视图→标尺”命令，显示出标尺，然后在标尺上按住鼠标左键，并拖动鼠标到图像窗口中的适当位置，释放鼠标就可以创建出参考线，如图 1-12 所示。

② 单击“视图→新参考线”命令，将弹出“新建参考线”对话框，如图 1-13 所示。在其中确定参考线的取向及位置，然后单击“确定”按钮，即可创建一条参考线。

图 1-12　创建参考线

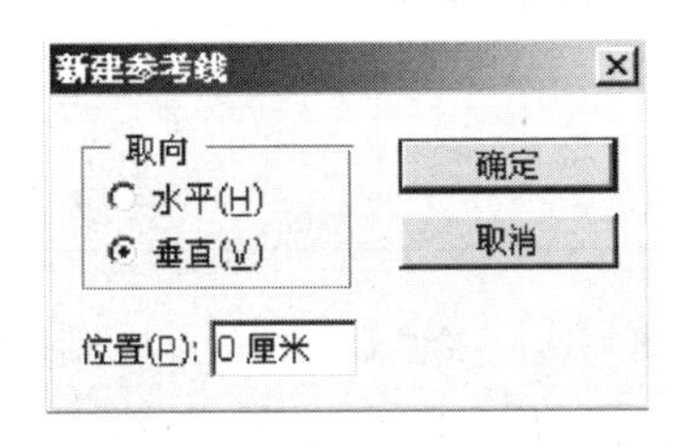

图 1-13　"新建参考线"对话框

在标尺上双击，可弹出"首选项"对话框，在对话框的左边选择"单位与标尺"选项，可以对标尺及文字的单位、新文档的预设分辨率等属性进行设置；选择"参考线、网格、切片和计数"选项，可以对参考线、网格及切片的线条颜色与样式等属性进行设置。

按住 Ctrl 键拖动参考线，或者使用移动工具移动参考线，可改变其位置。将参考线拖拽到图像窗口外，可删除参考线。

6. 选取绘图颜色

在使用 Photoshop 绘制图像时，首先要选取绘图颜色。Photoshop 提供了多种选取颜色的途径，如工具箱中的前景色和背景色色块、拾色器、"颜色"调板、"色板"调板等。

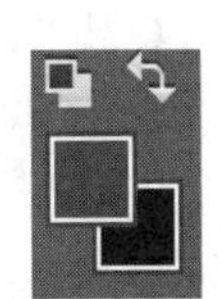

图 1-14　工具箱中的颜色控件

(1) 前景色和背景色色块

工具箱中有一个颜色控件，如图 1-14 所示。单击相应的色块或图标可以设置前景色、背景色，切换前景色和背景色，以及恢复默认的颜色设置，即前景色为100％黑色，背景色为100％白色。单击“设置前景色”或“设置背景色”色块，可以打开“拾色器”对话框（前景色），如图1-15所示。

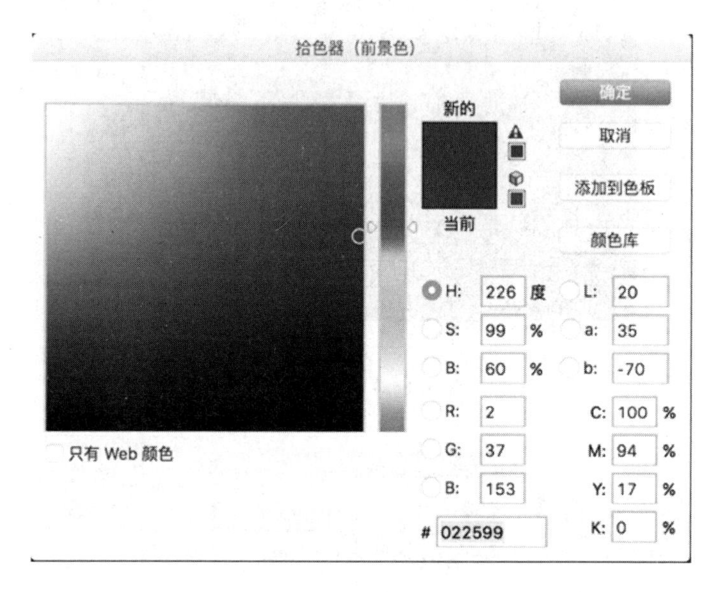

图1-15 “拾色器（前景色）”对话框

在使用该对话框时应注意以下几点。

① 溢色警告：一些在HSB、RGB和Lab模式中的颜色，在印刷时无法用CMYK模式来重现。这些颜色一旦被选上，就会出现溢色警告提示，其下方的颜色块是当前所选颜色的等价色。单击该颜色块，在印刷时将用此色代替。在RGB模式下，无法印刷的颜色会以预定的色彩来显示。

② 使用网页安全色：在“拾色器（前景色）”对话框中，选中左下角的“只有Web颜色”复选框，则颜色区域内呈现网页安全色，而右侧色彩模式文本框内显示的是网页颜色的数值，它提供了256种适用于在Web中使用的颜色，如图1-16所示。

（2）“颜色”调板

单击“窗口→颜色”命令或按“F6”键，打开“颜色”调板，如图1-17所示。在“颜色”调板中，单击左侧的前景色或背景色色标，然后拖动R、G、B颜色条下的三角滑块，或在下面的颜色条中选择颜色，也可以直接在右面的文本框中输入数值来设置颜色。

单击该调板右上角的 ☰ 按钮，将弹出调板菜单，如图1-18所示。从中可以选择不同的颜色显示模式，如CMYK、Lab、HSB、Web等。

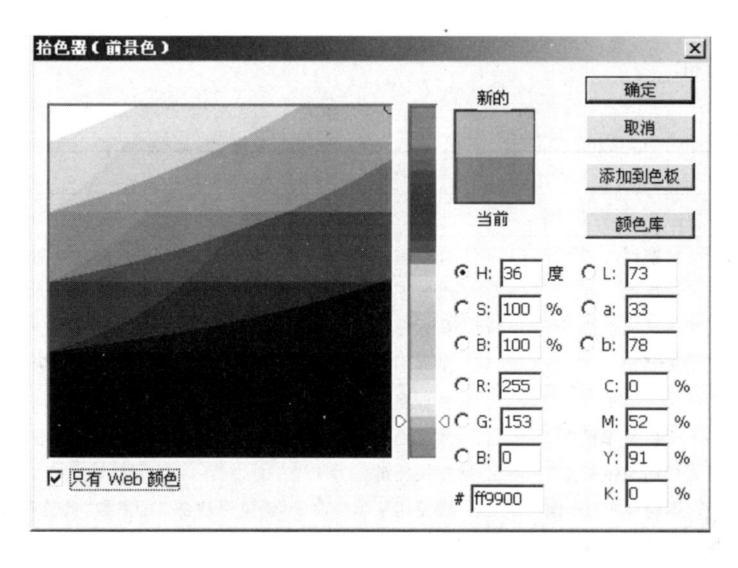

图 1-16 选中“只有 Web 颜色”复选框

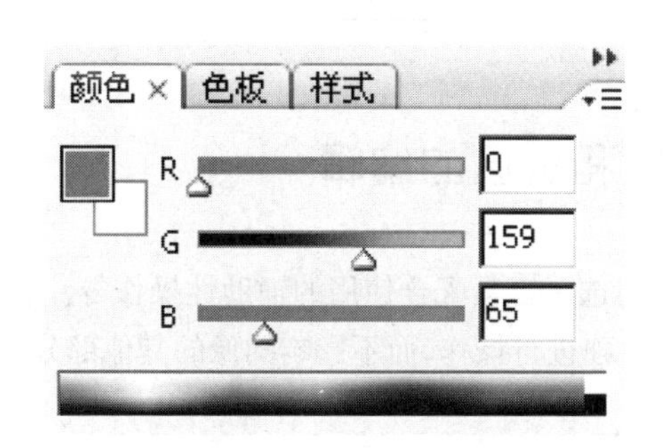

图 1-17 “颜色”调板

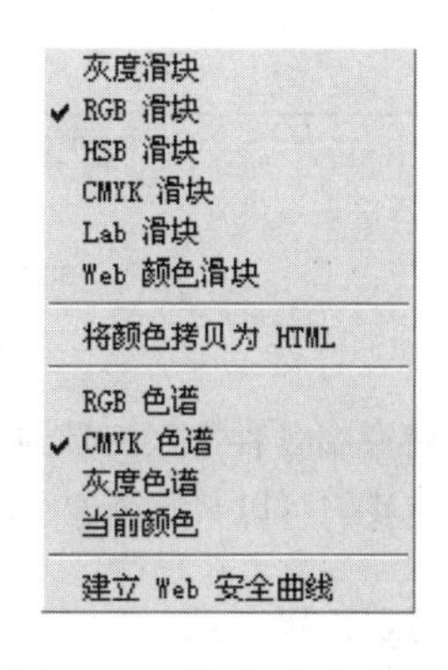

图 1-18 “颜色”调板菜单

(3) “色板”调板

使用“色板”调板可以快速地选取前景色或背景色，单击“窗口→色板”命令可将其打开。在“色板”调板中单击颜色块，可将其设置为前景色，如图 1-19 所示。在按住“Ctrl”键的同时单击需要的色块，则可以将该颜色选定为背景色。

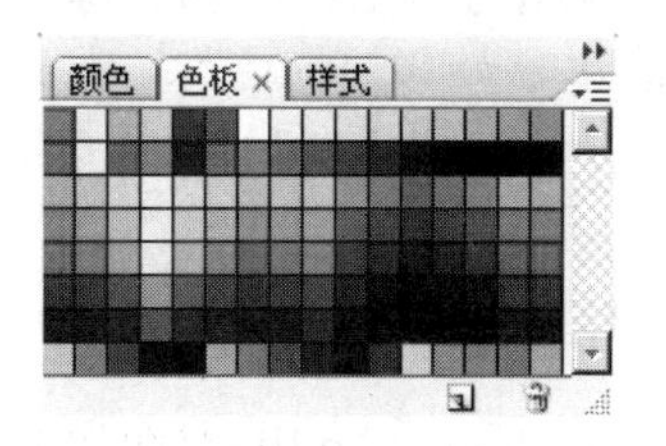

图 1-19 使用“色板”调板设置前景色

我的目标

目标内容与要求		
项目	知识点	技能要求
Photoshop 工作界面	标题栏 菜单栏 工具属性栏 工具箱	知道组成工作界面的各个组成部分,掌握用途和位置。 了解工作界面中标题栏、菜单栏、工具属性栏和工具箱的性质。 掌握标题栏、菜单栏、工具属性栏和工具箱的使用方法。 掌握工具栏、工具箱等浮动窗口的显示隐藏的快捷键
Photoshop 基本操作	文件基本操作 撤销与恢复操作 调整画布与图像尺寸 调整图像显示状态 使用绘图辅助工具 选取绘图颜色	掌握文件新建、打开、保存的方法和快捷键。 掌握操作步骤中的撤销,返回上一步,历史记录面板的使用,熟记快捷键。 能使用菜单栏命令,调整浮动窗口的参数,调整画布大小和图像大小。 会配合工具属性栏使用放大/缩小工具、抓手工具,熟记应用快捷键。 能使用调色控件调色,掌握拾色器的使用方法

1.3 建立选区和选区的编辑

本节将介绍各种选区工具的应用以及与选区工具配合使用的辅助性操作等。各种选区工具使我们可以只对图像中的一部分单独进行操作,而不影响图像的其他部分。

我想了解

选取图像在 Photoshop 中是必不可少的技能,可以选取规则形状和不规则形状,可使用工具、蒙版、路径等工具。

我要知道

1.3.1 选取图像

在 Photoshop 中,对图像的某个部分进行调整,就必须有一个指定的过程。这个指定的过程称为选取。选取后形成选区。选区是封闭的区域,可以是任何形状,但一定是封闭的。不存在开放的选区。选区一旦建立,大部分的操作就只针对选区范围内有效。如果要针对全图操作,就必须先取消选区。

1. 选取规则区域

Photoshop 中的选区大部分是靠选取工具来实现的。选取工具共 8 个,集中在工具栏上部。它们分别是矩形选框工具、椭圆选框工具、单行选框工具、单列选框工具、套索工具、多边形套索工具、磁性套索工具、魔棒工具。其中前 4 个属于规则选取工具,如图 1-20 所示。

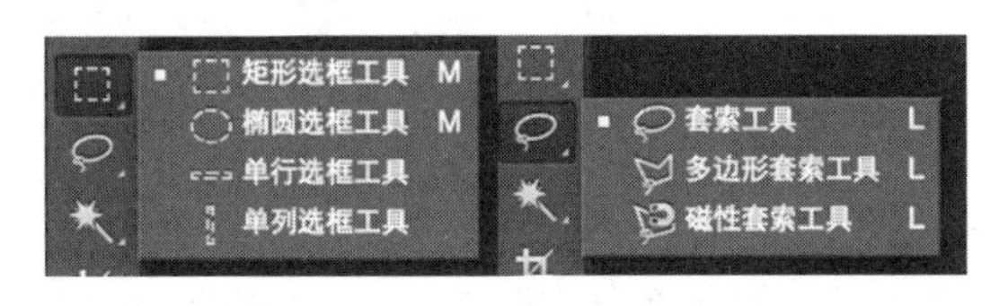

图 1-20 选取工具

建立选区 、全选“Ctrl+A”快捷键、拖动鼠标建立、取消选区“Ctrl+D”快捷键、移动选区、添加到选区、从选区减去、与选区交叉。通过工具状态栏(图 1-21)或快捷键实现。

图 1-21 工具栏

在添加状态下,光标变为┼₊,这时新旧选区将共存。如果新选区在旧选区之外,则形成两个封闭流动虚线框,如图 1-22 所示。

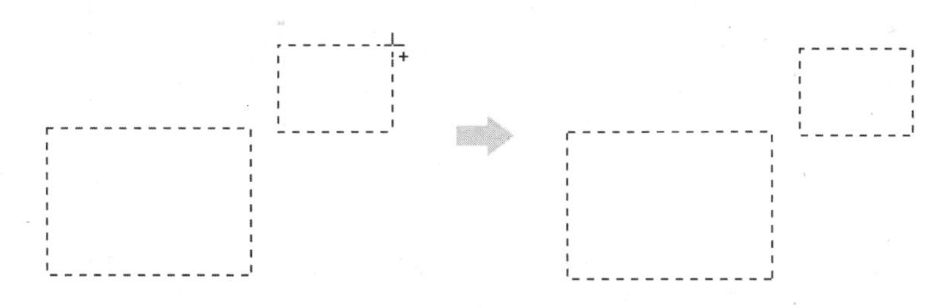

图 1-22 新选区在旧选区之外

如果彼此相交,则只有一个虚线框出现,如图 1-23 所示。

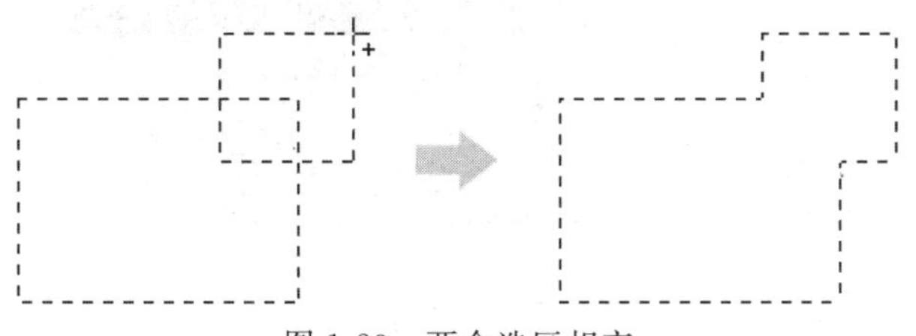

图 1-23 两个选区相交

在减去状态下，光标变为-¦-，这时新的选区会减去旧选区。如果新选区在旧选区之外，则没有任何效果，如图 1-24 所示。

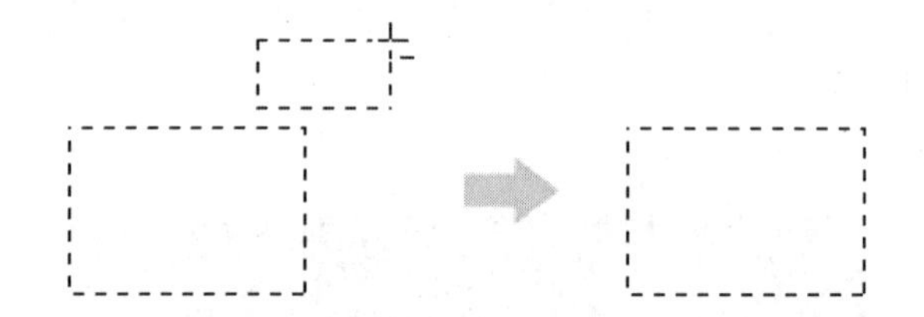

图 1-24　减去选区一

如果新选区与旧选区有相交部分，就减去了两者相交的区域，如图 1-25 所示。

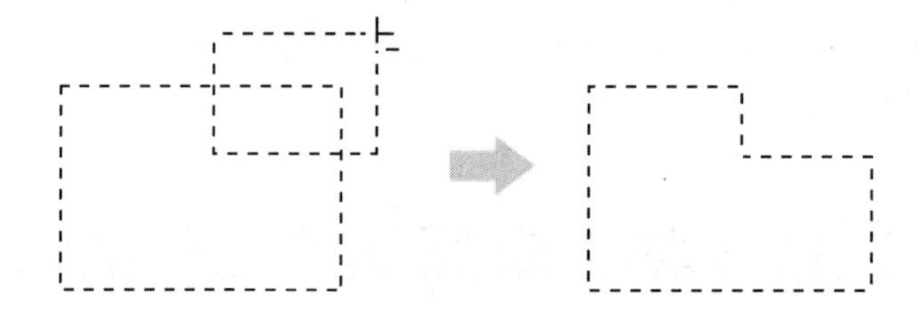

图 1-25　减去选区二

如果新选区在旧选区之内，则会形成一个中空的选区，如图 1-26 所示。

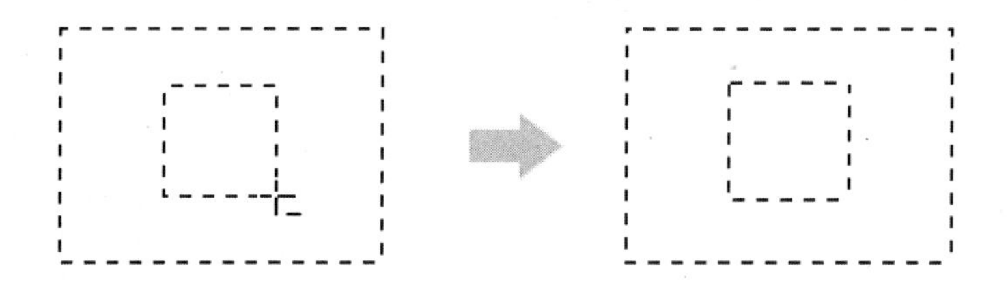

图 1-26　减去选区三

需要注意的是，在减去方式下如果新选区完全覆盖了旧选区，就会产生一个错误的提示，如图 1-27 所示。

图 1-27　错误提示

添加到选区的快捷键是“Shift”，从选区减去的快捷键是“Alt”，与选区交叉的快捷键是“Shift＋Alt”。这些快捷键只需要在鼠标之前按下即可，在鼠标按下以后，快捷键可以松开。

如果按下“Alt”键，就是以起点为中心点，向四周扩散选取。在选取过程中“Alt”键要全程按住。

按下“Shift”键可锁定矩形的长宽比为1，即创建正方形选区。在选取过程中也必须全程按住。

在没有选区的情况下，“Alt”键的作用就是从中点出发；在已有选区的情况下，“Alt”键的第一个作用就是切换到减去方式，第二个作用才是从中点出发。

① 按住“Shift”键拖动鼠标，可以创建正方形或圆形选区。② 在按住“Alt”键的同时拖动鼠标，可以建立以起点为中心的矩形或椭圆选区。③ 按住“Alt＋Shift”快捷键拖动鼠标，可以建立以起点为中心的正方形或圆形选区。

2. 选取不规则区域

使用套索工具可以选取不规则的图像区域。套索工具(L)有三种：套索工具、多边形套索工具和磁性套索工具，如图1-28所示。

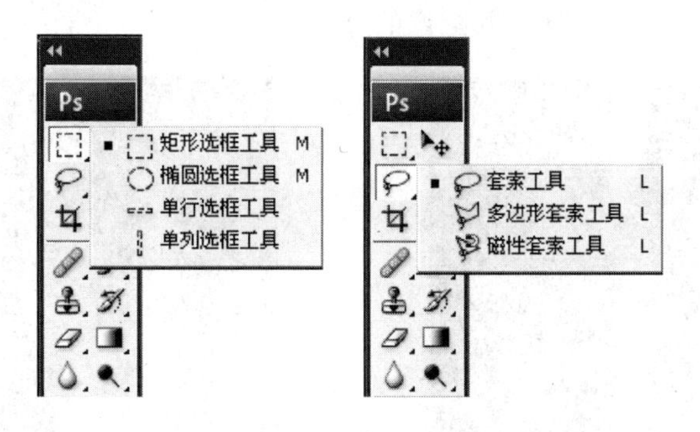

图1-28 “套索工具”组

(1) 套索工具

使用套索工具创建选区，可随意在图像中拖动鼠标绘制选区。

(2) 多边形套索工具

使用多边形套索工具选取多边形选区时，只要在图像上单击某位置确定第一个选择点，然后沿着对象的轮廓单击即可，如图1-29所示。当多边形的结束点与起始点重叠时，鼠标指针右下角会出现一个小圆圈()，此时单击鼠标左键，多边形就变成了闭合选区；当选区的结束点与起始点没有重叠时，双击鼠标左键，可以使选区自动闭合。

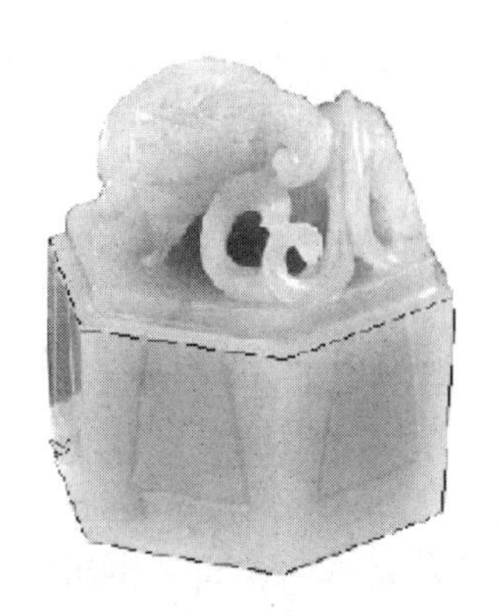
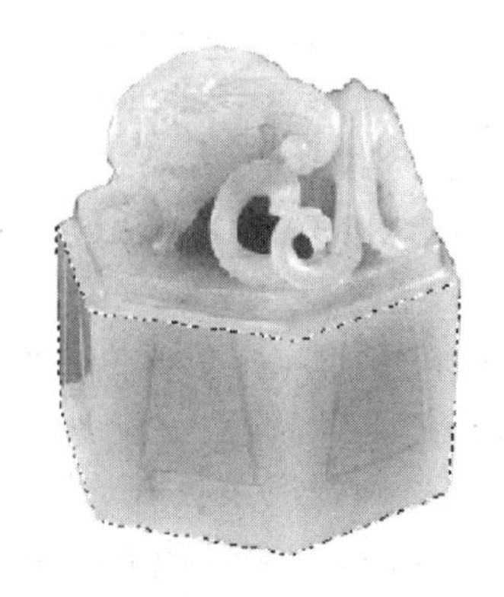

图 1-29　使用多边形套索工具创建选区

(3) 磁性套索工具

磁性套索工具可以自动识别图像的边界,可以按图像的不同颜色将图像中相似的部分选取出来。

选择该工具后,单击图像的边界可建立选区的起始点,然后沿着图像的边缘移动鼠标指针,在移动过程中会自动出现锚点,以固定绘制的线条。当鼠标指针回到起始点时,其右下角会出现一个小圆圈,单击鼠标左键即可建立选区。如图 1-30 所示即为使用磁性套索工具选取图像的过程。

图 1-30　使用磁性套索工具选取图像

在使用多边形套索和磁性套索工具时,按“Delete”键,可删除最近选取的一个锚点。

3. 选取颜色相近的区域

使用"魔棒工具"(W)可以在图像中建立颜色相同或相近的选择区域。选择"魔棒工具"后，在图像中单击鼠标左键，与单击处颜色相同或相近的像素都会被选中。

在魔棒工具属性栏中可以设置颜色的选择范围，可以控制是否在所有图层中取样，如图 1-31 所示。"容差"用于确定颜色的选择范围，取值范围是 0～255，值越大，所选取的颜色范围就越大；选中"连续"复选框，将只能选中与相邻颜色相同或相近的像素，反之则选择整幅图像中颜色在容差范围内的像素。

图 1-31 魔棒工具属性栏

4. 选区的运算

在选取图像的过程中，可以在当前选区的基础上进行加选或减选，还可以以交叉的方式选取前后两个选区相交的部分，这些选区运算方式在选取较复杂的图像时很有效。

在选取图像时，可以在工具属性栏中设置选取方式。

1.3.2 调整选区

在创建选区后，往往需要对其进行调整，如移动、羽化、变换等，下面将详细介绍如何调整选区。

1. 移动选区

用选择工具移动选区。

在使用选择工具移动选区前，应保证在工具属性栏中单击"新选区"按钮，然后将鼠标放置于选区内，此时的鼠标指针显示为"▷⁚⁚"形状，然后拖动鼠标即可。在拖动过程中，鼠标指针会显示为"▷ "形状，如图 1-32 所示。

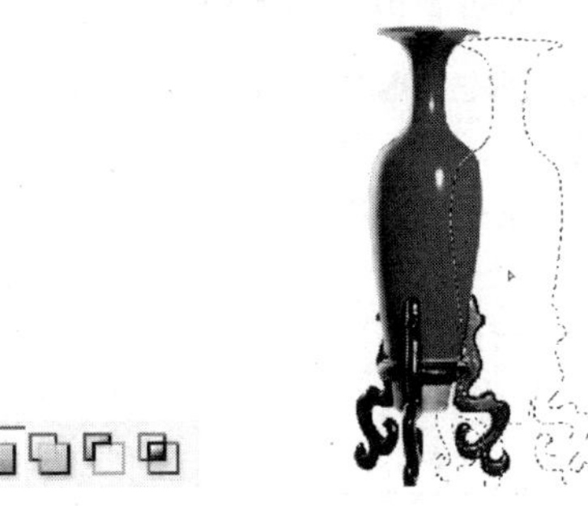

图 1-32 移动选区

2. 羽化选区

羽化选区是指对选区的边界进行柔化，这样在填充选区时会得到柔和的过渡效果。

（1）对选区进行柔化有两种方法：① 在选区前创建，在工具属性栏中设置“羽化”值；② 在选区后创建，单击“选择→修改→羽化”（或按“Alt＋Ctrl＋D”快捷键）命令。

（2）羽化值范围：羽化值的大小控制选区边界的柔化程度，取值范围为 0～255 像素，值越大，选区边界就越柔和。如图 1-33 所示为在不同羽化值下对选区进行填充得到的阴影效果。

图 1-33　羽化效果

1.3.3　编辑选区中的图像

1. 填充与描边

对选区进行填充和描边是图像编辑过程中的常用操作，下面分别对其进行介绍。

（1）填充

“填充”命令可以填充前景色、背景色、图案等类型。选择“编辑→填充”命令或按“Shift＋F5”快捷键，将弹出“填充”对话框，如图 1-34 所示。在“使用”下拉列表框中选择要用于填充的内容即可，如图 1-35 所示。

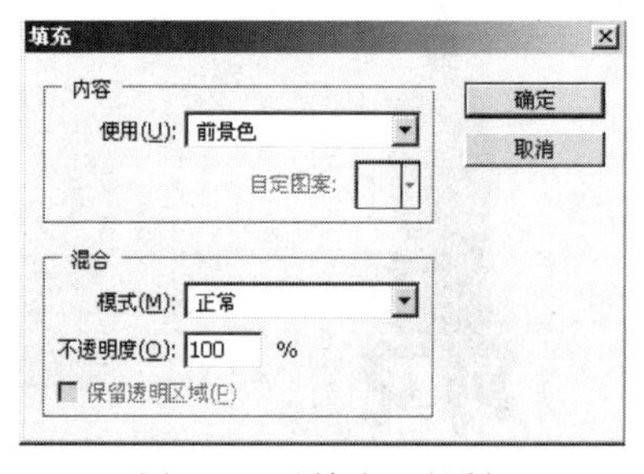

图 1-34　“填充”对话框

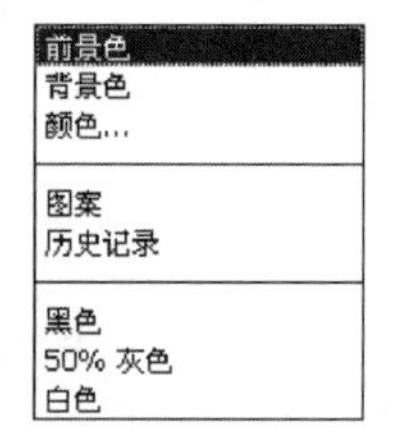

图 1-35　“使用”下拉列表

如图 1-36 所示是对一幅国画的背景填充了古典风格的图案。

图 1-36 填充效果

(2) 描边

使用“描边”命令可以为选区添加一种边框,该命令在图像制作时使用较为广泛。

选择“编辑→描边”命令,在弹出的“描边”对话框中设置描边宽度、颜色及位置,如图 1-37 所示。

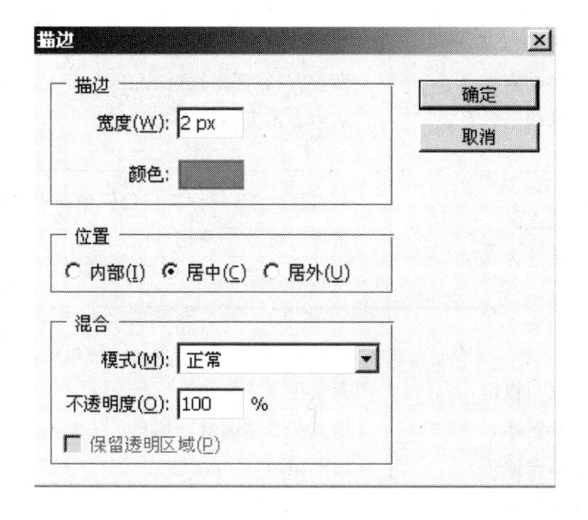

图 1-37 “描边”对话框

2. 移动图像

要移动图像,可以使用工具箱中的“移动工具”(V)。若移动的对象是图层,则首先选择移动工具，然后选中该图层，在图像窗口中拖动鼠标即可。若要移动图像中的某一区域，可先选取该区域，然后使用移动工具进行移动。

3. 清除图像

选择需要清除的图像区域，然后选择“编辑→清除”命令，或直接按“Delete”键，即可清除选区内的图像。

4. 变换图像

变换图像与变换选区的操作方法类似，只是变换选区只调整选区的形状，而变换图像则是对选区内图像或图层中的图像进行调整，以制作各种特殊效果。这需要用到“编辑→自由变换”命令或“Ctrl＋T”快捷键。

我的目标

目标内容与要求

项目	知识点	技能要求
选取图像	矩形选框工具 椭圆形选框工具 单行选取工具 单列选取工具 套索工具 多边形套索工具 磁性套索工具 魔术棒工具	建立选区 全选 Ctrl＋A 取消选区 Ctrl＋D 添加到选区 Shift 从选区减去 Alt 与选区交叉 Shift＋Alt 做正方、正圆形选区 Shift 从中心出发 Alt
调整选区	移动选区 羽化选区	新选区状态，鼠标放在选区中即可移动选区 选择－修改－羽化 羽化值调整
编辑选中的图像	填充与描边 移动图像 清除图像 变换图像	快捷键填充，Ctrl＋Delete 使用前景色填充，Alt＋Delete 使用背景色填充 填充命令，“编辑—填充” 清除图像，Delete 键 命令，编辑－清除 快捷键，Ctrl＋T 命令，编辑－自由变换

1.4　图像基本编辑工具

我想了解

Photoshop 提供了多种功能强大的图像编辑工具，灵活地运用这些工具，可以充分发挥自己的创造性，绘制出精彩的平面图像作品。本章将通过多个实例对各种工具的使用方法与操作技巧进行详细介绍。

我要知道

1.4.1　裁切工具

1. 自由裁剪框

在图像区画矩形框，鼠标在框线上时，拖动鼠标，可以调整矩形框的大小。鼠标在框线内时，拖动鼠标，可以移动矩形框的位置。鼠标在框线外时，拖动鼠标，可以旋转，如图 1-38 所示。

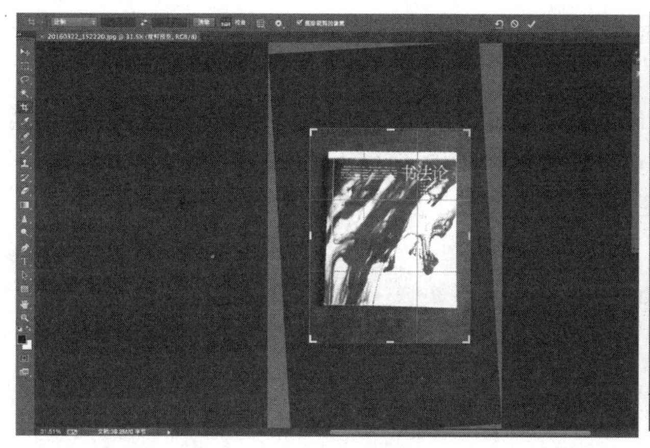

图 1-38　自由裁剪框

2. 固定宽高度裁剪

裁剪出任意尺寸的照片，设置裁切大小为 500 像素×600 像素，分辨率为 72dpi，如图 1-39 所示。

图 1-39 固定宽高度裁剪

1.4.2 绘制工具

Photoshop 提供了多种功能强大的绘图工具，如画笔工具、铅笔工具等。

1. 画笔工具

Photoshop 中的画笔是一个很神奇的工具，它可以模仿现实生活中的毛笔、水彩笔等进行绘画。

使用“画笔工具”可以绘制平滑且柔软的笔触效果，在使用画笔工具前，可以通过画笔工具属性栏或“画笔”调板设置笔刷形状、笔刷大小、笔刷硬度、绘画模式、不透明度、流量等。画笔属性栏如图 1-40 所示。

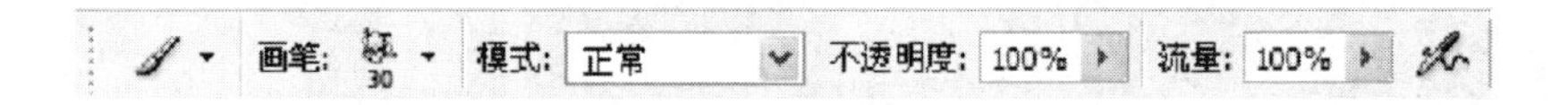

图 1-40 画笔属性栏

(1) 设置笔刷

单击“画笔”下拉按钮，在弹出的“画笔”下拉调板中可以选择一种合适的笔刷，如图 1-41 所示。拖动“主直径”滑块，可调整笔刷的大小；拖动“硬度”滑块，可调整笔刷的硬度，笔刷的软硬程度在效果上表现为边缘的羽化程度。

(2) 设置模式

“模式”是指绘画时的颜色与当前图像颜色的混合模式。

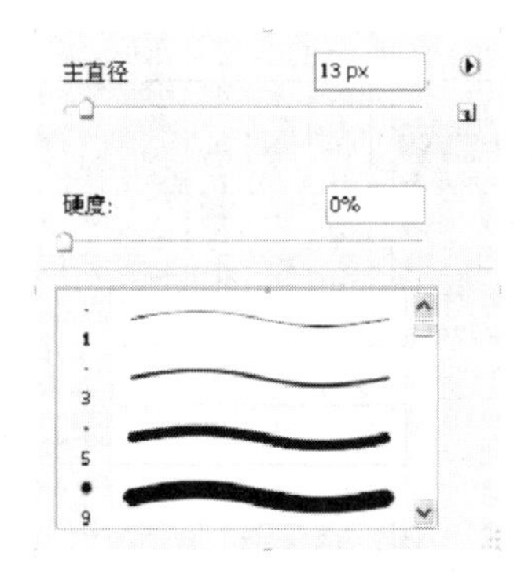

图 1-41　“画笔”下拉调板

(3) 设置不透明度

“不透明度”是指在使用画笔绘图时所绘颜色的不透明度。该值越小，所绘出的颜色越浅，反之则颜色越深。

(4)设置流量

流量是指使用画笔绘图时所绘颜色的深浅。

2. 铅笔工具

铅笔工具的使用方法与画笔工具相同。两者的不同之处在于铅笔工具不能使用画笔调板中的软笔刷，而只能使用硬轮廓笔刷。

与画笔工具相同，在使用铅笔工具前，首先要在工具属性栏中设置其参数。如图 1-42 所示为铅笔工具属性栏。

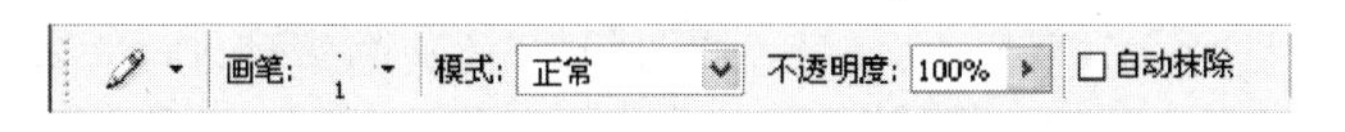

图 1-42　铅笔工具属性栏

3. 颜色替换工具

使用颜色替换工具能够轻而易举地用前景色置换图像中的色彩，并能够保留图像原有材质的纹理与明暗。其属性栏如图 1-43 所示。

图 1-43　颜色替换工具属性栏

4. 设置画笔参数

与画笔工具属性栏相比，“画笔”调板才是画笔的总控制中心，要设置更加复杂的笔刷样式，只有在“画笔”调板中才能完成，按“F5”键显示“画笔”调板，如图 1-44 所示。

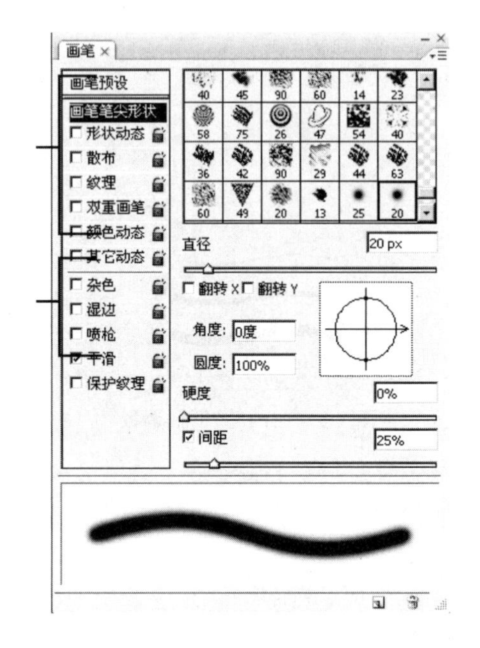

图 1-44 “画笔”调板

参数控制项:需要设置具体参数。

开关控制项:不需要设置参数,选中该复选框即可启用。

单击“画笔”调板右上角的小箭头,选择“载入画笔”命令,可载入 Photoshop 自带的画笔形状。

“[”缩小画笔直径　　　“]”放大画笔直径

“Shift +[”缩小画笔硬度　　　“Shift +]”放大画笔硬度

1.4.3 擦除工具

Photoshop 提供了三种橡皮擦工具(E),即橡皮擦工具、背景橡皮擦工具和魔术橡皮擦工具,分别用于实现不同的擦除功能。

1. 橡皮擦工具

选取橡皮擦工具后在图像中拖动鼠标进行涂抹,即可擦除图像中的颜色。当工作图层为背景图层时,擦除过的区域显示为背景色;当工作图层为普通图层时,擦除过的区域变成透明。

2. 背景橡皮擦工具

背景橡皮擦工具可以擦除指定颜色。它通过连续取样把前景图像从背景图像中提取出来,同时可以保护前景图像不被清除,因而非常适合清除一些背景较为复杂的图像。

3. 魔术橡皮擦工具

使用魔术橡皮擦工具可以一次性擦除图像或选区中颜色相同或相近的区域，从而得到透明区域，如果当前图层是背景图层，那么背景图层将被转换为普通图层。

1.4.4　填充

1. 油漆桶工具

油漆桶工具用于在图像或选区中填充“前景”或“图案”，其与“填充”命令的功能非常相似，但油漆桶工具在填充前会对鼠标单击位置的颜色进行取样，只填充颜色相同或相似的区域。油漆桶工具属性栏，如图 1-45 所示。

图 1-45　油漆桶工具属性栏

其中各项的含义如下。

(1) 填充：用于设置所要填充的内容，包括“前景”和“图案”两个选项。

(2) 模式：用于设置油漆桶工具在填充颜色时的混合模式。

(3) 不透明度：用于设置填充颜色的不透明度。

(4) 容差：用于设置填充时颜色的误差范围，其取值范围为 0～255。

(5) 所有图层：选中该复选框，油漆桶工具会在所有可见图层中取样，在任意图层中进行填充；反之，则只能在当前图层中进行填充。

2. 渐变工具填充

在 Photoshop 中，“渐变”即颜色过渡，可以是多种颜色之间的混合过渡，也可以是同一种颜色不同的透明度之间的过渡。

(1) 渐变的类型

Photoshop 可以创建 5 种类型的渐变，即线性渐变、径向渐变、角度渐变、对称渐变和菱形渐变。各种渐变的效果及渐变属性栏，如图 1-46 所示。

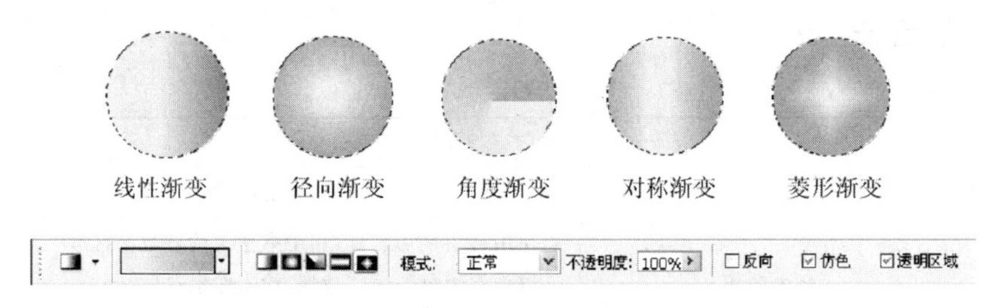

图 1-46　渐变类型及渐变工具属性栏

(2) 不透明度：可降低渐变颜色的不透明度值。

(3) 反向:所得到的渐变效果方向与所设置的方向相反。

(4) 透明区域:如果编辑渐变时对颜色设置了不透明度,则可启用透明效果。

3. 渐变编辑器

在填充渐变前,首先要选择渐变色,可根据需要自己编辑渐变色。在渐变工具属性栏中单击"点按可编辑渐变"颜色条,如图 1-47 所示。即可打开渐变编辑器,如图 1-48 所示。

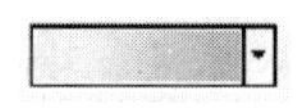

图 1-47 单击颜色条

(1) 添加或删除色标:在渐变条下方单击鼠标左键,可添加一个色标。选中色标,向上或向下拖拉,可删除该色标。

(2) 设置色标的颜色:直接双击色标,在弹出的"拾色器"对话框中可选择颜色。

(3) 调整色标的位置:用鼠标左键左右拖动色标即可调整色标的位置。

(4) 设置渐变色的不透明度:在渐变条上方的合适位置单击鼠标左键,可以添加不透明度色标,然后在窗口下方设置其不透明度。

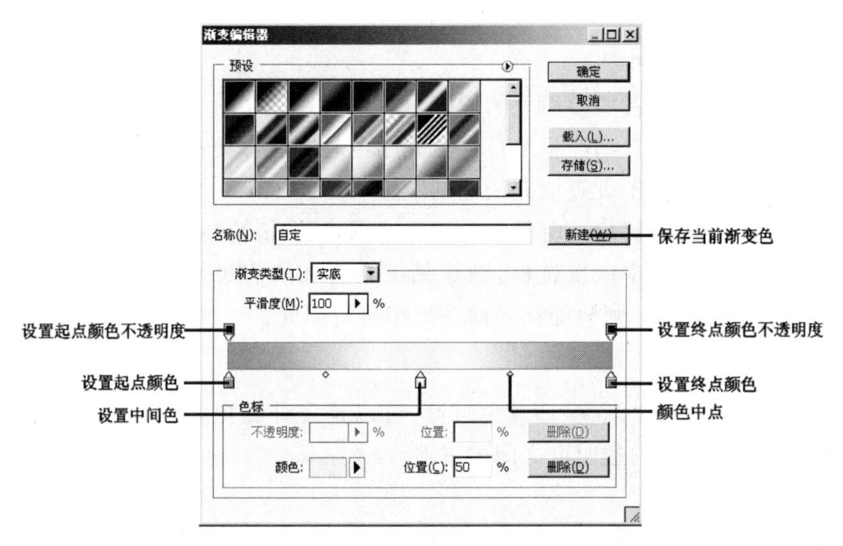

图 1-48 渐变编辑器

我的目标

目标内容与要求

项目	知识点	技能要求
裁切工具	自由裁切 固定尺寸裁切	使用自由裁切工具,利用参考线调整裁切区域 以像素为单位固定裁切,输入像素数值 以厘米为单位固定裁切,输入数值、单位、分辨率 清除数值

续 表

目标内容与要求		
项目	知识点	技能要求
绘制工具	画笔工具 铅笔工具 颜色替换工具 设置画笔参数	设置笔刷 设置模式 设置不透明度 设置流量 设置画笔预设窗口
擦除工具	橡皮擦工具 背景橡皮擦工具 魔术橡皮擦工具	理解擦除的原理 使用擦除工具，清除背景 使用擦除工具抠图
填充工具	油漆桶填充 渐变工具填充 填充命令 填充快捷键	设置拾色器 使用渐变编辑器编辑渐变色 使用“编辑→填充”命令，填充颜色、图案等 填充快捷键，使用前景色填充“Ctrl＋Delete”，使用背景色填充“Ctrl＋Delete”

1.5　图层与蒙版

图层是 Photoshop 的主要功能之一，图层的引入为图像的编辑带来了极大的便利。图层是 Photoshop 中最重要的组成部分，想要很好地应用 Photoshop 的功能，必须先掌握图层的操作。

我想了解

本章我们将要学习图层的基本概念、基本操作和图层的高级应用，图层的多个合并方式，图层的混合模式及图层样式的应用。而图层蒙版可控制图层区域的显示或隐藏，是图像合成的最常用手段。

我要知道

1.5.1　认识图层和图层的基本操作

1. 认识图层

图层是 Photoshop 中最重要的功能之一，图层的引入为图像的编辑带来了极大的便利。

（1）图层的概念

图层可以看作一张张胶片，每一张胶片上都有不同的内容，没有内容的区域是透明的，透过透明区域可以看到下一层的内容，最终的图像效果就是将这些胶片重叠在一起时看到的效果，如图 1-49 所示。

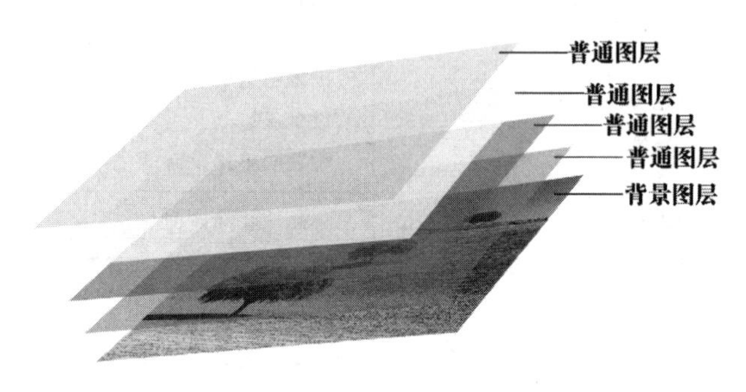

图 1-49　图层

从“图层”调板中可以看出，图像中的各个图层是自下而上叠加的，最上层的图像将遮住下层同一位置的图像。不过，这种叠加顺序并不是简单地堆积，通过控制各图层的混合模式和不透明度，可得到千变万化的图像合成效果。

（2）图层的类型

Photoshop 中的图层有多种类型，如背景图层、普通图层、文字图层、蒙版图层、效果图层、填充图层、调整图层等。利用不同类型的图层可以实现不同的效果，其操作方法也不尽相同。下面将介绍一下本章中要用到的图层类型，而其他类型在以后的学习中会慢慢地接触到。

① 背景图层

背景图层位于各图层的最下方，是不透明图层。在背景图层上可以自由涂画和应用滤镜，但不能移动位置和改变叠放顺序，也不能更改不透明度和混合模式，如图 1-50 所示。

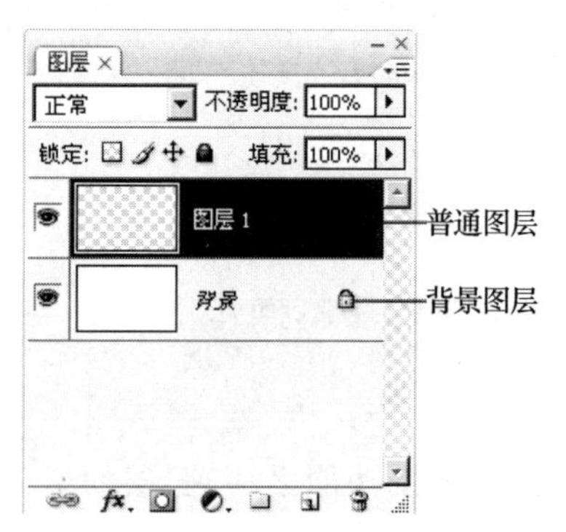

图 1-50　背景图层和普通图层

背景图层可以转换为普通图层。双击背景图层，系统将弹出“新建图层”对话框，并以“图层 0”为默认名称，单击“确定”按钮，即可将背景图层转换为普通图层。

② 普通图层

在隐藏背景图层的情况下，图层显示为灰白方格，表示为透明区域，工具箱中的工具和菜单中的图像编辑命令绝大多数都可在普通图层上使用。

直接单击“图层”调板底端的“创建新图层”按钮或按“Ctrl＋Shift＋N”快捷键，即可创建一个普通图层。

(3) “图层”调板

“图层”调板是图层操作的主要场所，对图层进行的各种操作都可以在“图层”调板中完成。单击“窗口→图层”命令，或直接按“F7”键，即可显示“图层”调板，如图 1-51 所示。

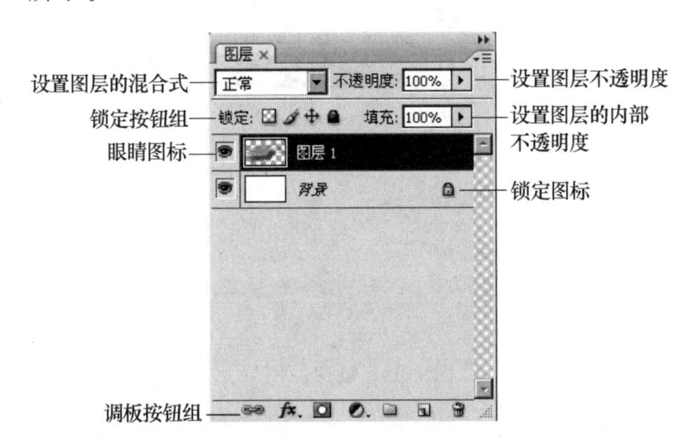

图 1-51 “图层”调板

“图层”调板中部分元素的含义如下。

正常：用于设置当前图层的混合模式。

不透明度: 100%：用于设置当前图层不透明度，值越小，图层越透明。

锁定：用于对图层进行不同的锁定，包括锁定透明像素、锁定图像像素、锁定位置和锁定全部。

填充: 100%：设置图层的内部不透明度。

眼睛图标：用于控制图层的显示或隐藏。当该图标显示为眼睛时，表示当前图层处于显示状态；当该图标不显示眼睛时，表示图层处于隐藏状态。单击眼睛图标，可以在显示和隐藏状态之间切换。用户不能编辑处于隐藏状态的图层。

当前图层：即当前正在编辑的图层，以蓝色显示。在“图层”调板中单击某个图层，该图层即成为当前图层。

调板按钮组：共七个按钮，用于完成相应的图层操作，从左到右依次为链接图层、添加图层样式、添加图层蒙版、创建新的填充或调整图层、创建新组、创建新图层、删除图层。按住“Shift”键单击图层名称，可以选中多个连续的图层；按住“Ctrl”键单击图层名称，可选中多个不连续的图层。

2. 图层基本操作

图层的基本操作包括图层的创建、复制、删除、显示/隐藏、调整叠放顺序等，掌握这些基本操作是管理图层、处理与组织图像的基础。

(1) 新建图层

单击“图层”调板底部的“创建新图层”按钮，即可新建一个图层，如图 1-52 所示。

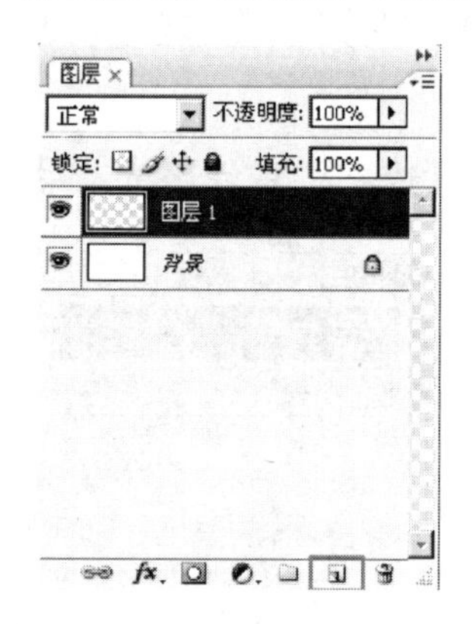

图 1-52　创建新图层

通过菜单命令创建图层。单击“图层→新建→图层”命令，如图 1-53 所示。将弹出“新图层”对话框，在其中输入图层的名称，并设置图层的颜色、混合模式和不透明度，然后单击“确定”按钮，即可创建一个新图层。

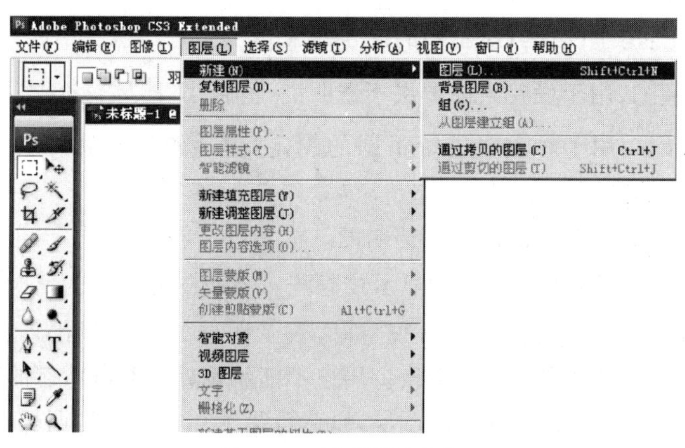

图 1-53　新建图层命令

(2) 复制图层

复制图层的常用方法有以下两种。

① 在"图层"调板中选中需要复制的图层，直接将其拖动到调板底部的"创建新图层"按钮上，即可复制一个图层，新复制的图层出现在原图层的上方。

② 按"Ctrl+J"快捷键可直接通过当前层复制选区对象或图层对象。

(3) 删除图层

删除图层的常用方法有以下两种。

① 选中要删除的图层，选择"图层→删除图层"命令。

② 将要删除的图层拖拽到"图层"调板底部的"删除图层"按钮上，如图 1-54 所示。

(4) 调整图层叠放顺序

图像中的图层是按照一定的顺序进行叠放的，图层叠放顺序不同，所产生的图像效果也不同。调整图层顺序的方法主要有以下两种。

① 在"图层"调板中拖拽图层至适当位置即可，此过程中会有一个虚线框跟随鼠标指针移动，指示目标位置，如图 1-55 所示。

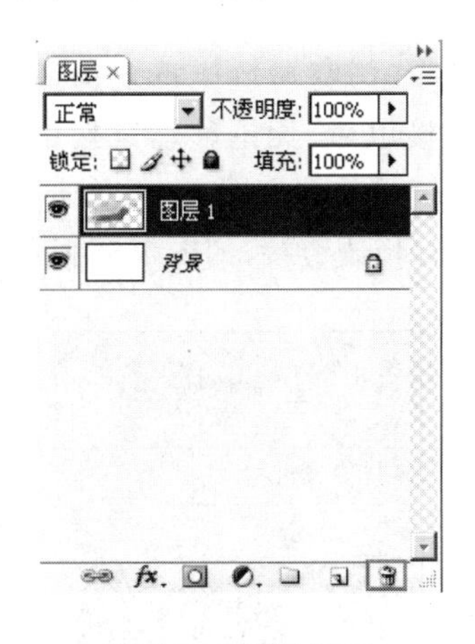

图 1-54 删除图层

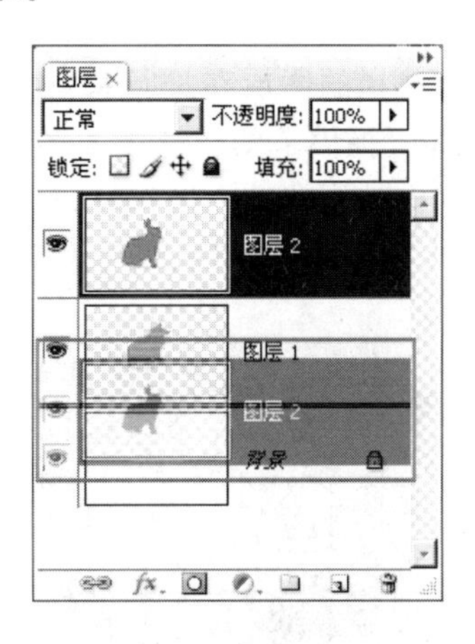

图 1-55 调整图层顺序

② 选择"图层→排列"命令，在弹出的子菜单中单击相应的命令，也可完成图层叠放顺序的调整。

1.5.2 图层高级操作

1. 多个图层的选择

在 Photoshop 中，默认状态下一次只操作一个图层，为了在移动及变换时方便操作，可以同时选择多个图层。其中，按住"Shift"键，在图层调板中的图层上单击，可用来选择多个连续图层，如图 1-56 所示。按住"Ctrl"键，在图层调板中的图层上单击，可用来选择多个不连续图层，如图 1-57 所示。

图 1-56　选择多个连续图层

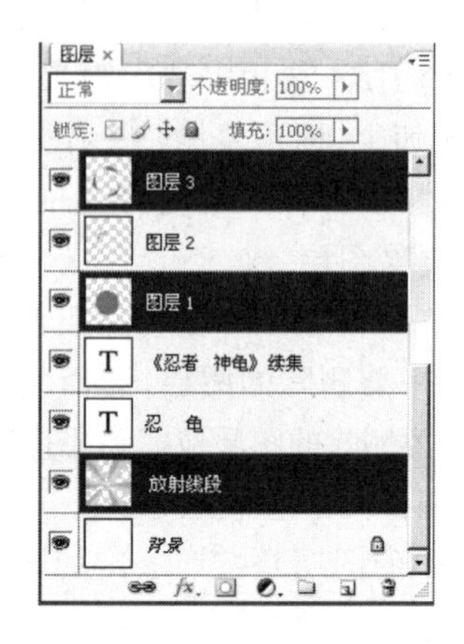

图 1-57　选择多个不连续图层

2. 图层的链接

多个被选择的图层在进行移动或变换操作时，容易造成重复选择的问题，因此，Photoshop 提供了图层链接。多个图层链接以后，无论移动链接中的哪一层，其余的层都会随之移动。操作时，只需要选择链接的多个图层，再单击调板下方的“链接图层”按钮，可对选择的多个图层添加/释放链接，如图 1-58 所示。

(a) 链接前　　(b) 链接后

图 1-58　链接图层

3. 对齐与分布图层

在图像编辑的过程中，常常需要将多个图层进行对齐和分布排列。其中，对齐是指以当前图层或选区为基础，把其他图层对象与当前层指定的某条边对齐，如

图 1-59所示；而分布是指把选择的多个对象以指定的某条边为基础，均匀地排列图层对象，如图 1-60 所示。

(a) 对齐前

(b) 对齐后

图 1-59　对齐对象

(a) 分布前

(b) 分布后

图 1-60　分布对象

操作时，先选中要对齐或分布的多个图层，然后单击“图层→对齐”或“图层→分布”子菜单中的命令，或是选择工具箱中的“移动工具”，在其属性栏中选择“对齐”或“分布”相应的操作，如图 1-61 及图 1-62 所示。

顶边(T)
垂直居中(V)
底边(B)
左边(L)
水平居中(H)
右边(R)

图 1-61　对齐选项

顶边(T)
垂直居中(V)
底边(B)
左边(L)
水平居中(H)
右边(R)

图 1-62　分布选项

1.5.3 图层的合并

图像中的图层越多，该文件所占用的磁盘空间也就越大，因此，可以将已操作完成的图层或没有必要分开的图层合并，以提高操作速度。要将图层合并，可以执行“图层”菜单中的相应命令。

1. 向下合并

将当前图层与其下一图层合并，其他图层保持不变，快捷键为“Ctrl＋E”。合并图层时，需要将当前图层的下一图层设为显示状态。

2. 合并可见图层

将当前图像窗口中所有显示的图层合并，而隐藏的图层保持不变，快捷键为“Ctrl＋Shift＋E”。

3. 拼合图像

将当前图像窗口中所有图层合并，在合并过程中将丢失隐藏的图层。

① 如果图层调板中有选择的多个图层，“向下合并”将自动变成“合并图层”，会把选择的多个图层进行合并。

② 当下一图层是文字图层时，不能按“Ctrl＋E”快捷键向下合并。

1.5.4 图层的混合模式

1. 概述

混合模式控制着当前图层与下方图层之间像素颜色的相互作用。Photoshop 中图层混合模式有溶解、叠加、正片叠底等（图 1-63），选择不同的混合模式会得到不同的效果。

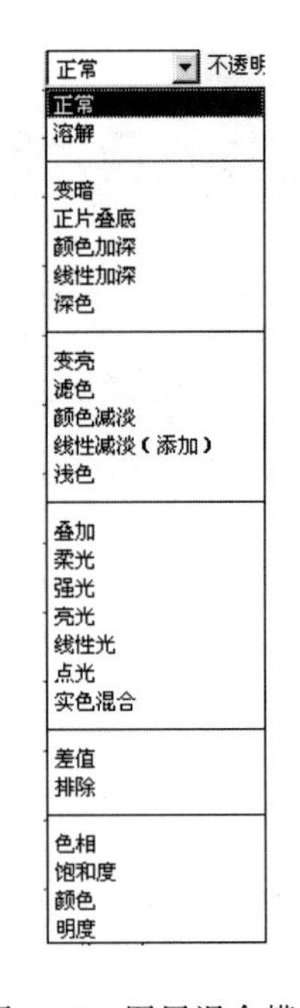

图 1-63　图层混合模式

2. 图层混合模式

应用时，在图层调板中单击选择需要设置混合模式的图层，再单击调板左上角的“设置图层的混合模式”下拉框，再选择所需的混合模式，如图 1-63 所示。下面就介绍几种混合模式。

（1）正常

默认混合模式，使用此模式时，图层之间不会发生相互作用。

（2）溶解

选择此模式后，并设置相应“不透明度”值，当前层对象会被随机地分解成点状，不透明度越低，点状效果就越稀松。

（3）正片叠底

将当前图层和下方图层的颜色值相乘，然后除以 255，因而得到较暗的颜色。正片叠底模式可用于添加阴影和细节，而不会完全消除下方的图层阴影区域的颜色。任何颜色与黑色混合时仍为黑色，与白色混合时没有变化。

（4）滤色

与正片叠底模式相反，将上方图层像素的互补色与底色相乘，因此结果颜色比原有颜色更浅，具有漂白的效果。

（5）叠加

对各图层颜色进行叠加，保留底色的高光和阴影部分，底色不会被取代，而是和上方图层混合来体现原图的亮度和暗部。

（6）颜色

把当前层中的颜色和下方图层的亮度进行混合，用来改变下方图层的颜色，颜色由上方图层图像决定。

1.5.5　图层样式

为图层添加样式，可以使图像呈现一些特殊效果，如阴影、发光、斜面和浮雕等。Photoshop 提供了多种图层样式。

1. 图层样式的添加

图层样式的添加主要通过“图层样式”对话框来完成，也可以在“样式”调板中选择预置样式。

单击“图层”调板底端的“添加图层样式”fx按钮，从弹出的下拉菜单中选择一种样式，或在图层名称右边的空白区双击，可弹出“图层样式”对话框，如图 1-64 所示。图层调板的层中会显示出“指示图层效果”fx标记。在左侧的样式列表中选中多个复选框，可以同时为图层添加多种样式，从而实现丰富多彩的图层效果。单击相应选项，可进入该样式的具体参数设置调板，在其中可对各项参数进行设置，以得到需要的效果。

2. 复制与粘贴图层样式

在重复使用图层样式时，可以采用复制、粘贴图层样式的方式。

应用时，先选择已添加过样式的图层，右击选择“拷贝图层样式”命令进行复制，再在其他图层上右击，选择“粘贴图层样式”。

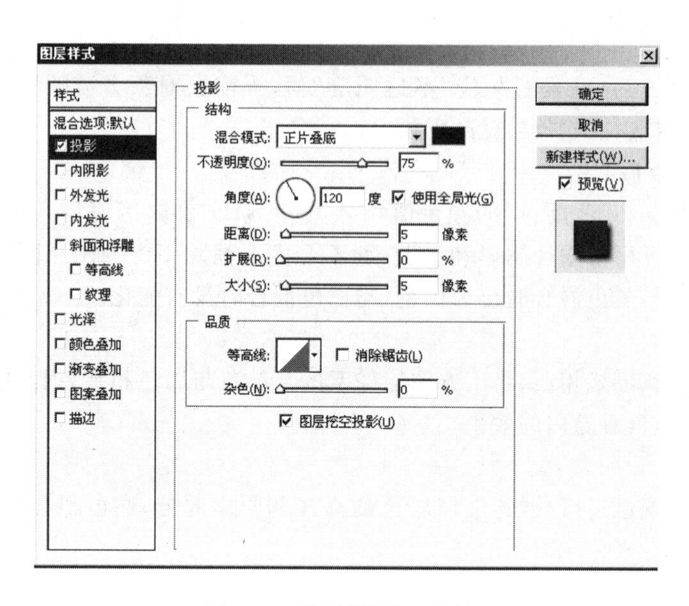

图 1-64 “图层样式”对话框

3. 隐藏与显示图层样式

添加图层样式后,可以把临时不用的样式进行隐藏。操作时,只需在图层调板的样式层中单击样式左边的眼睛图标,效果如图 1-65 所示。

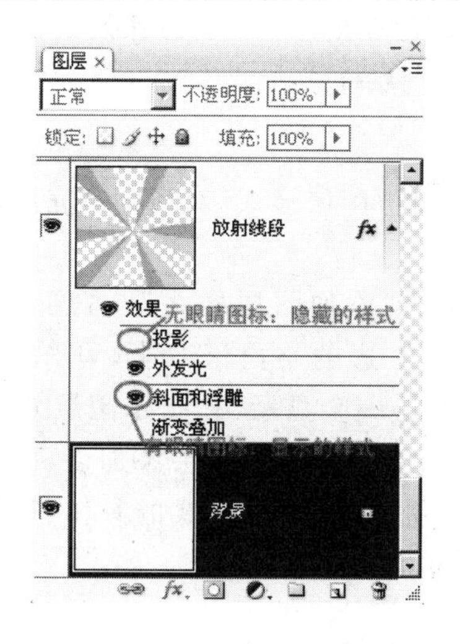

图 1-65 显示/隐藏图层样式

4. 清除图层样式

添加图层样式后,可以把多余的样式进行清除。

操作时，选择已添加样式的图层，右击选择“清除图层样式”命令，或直接把不用的样式拖拉到图层调板下方的“删除图层”按钮中即可。

1.5.6 图层蒙版的应用

图层蒙版是图像合成的重要手段，它可以控制图层区域的显示或隐藏，从而实现一些特殊的图像拼合效果。

1. 图层蒙版的原理

蒙版也是 Photoshop 中的一个重要概念，使用蒙版可以控制图层的部分区域隐藏或显示；更改蒙版可以对图层应用各种效果，而不会影响该图层上的图像。

2. 图层蒙版的添加

直接在“图层”调板下方单击“添加图层蒙版”按钮，即可对当前层创建图层蒙版，如图 1-66 所示。如果当前层中有选区，自动设置选区内图像为可显示范围，而非选区内图像为蒙版范围。

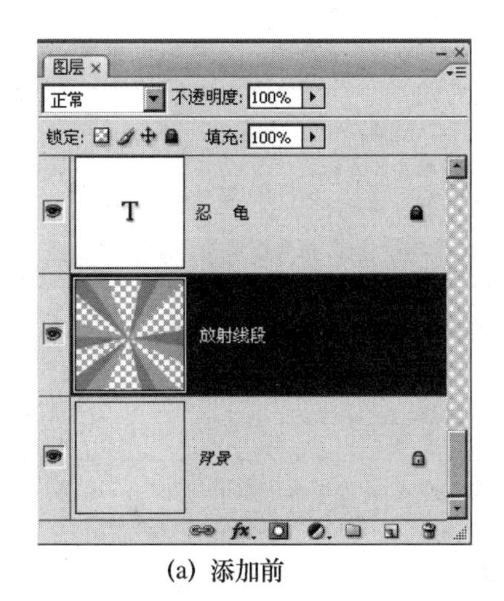

(a) 添加前

(b) 添加后

图 1-66 添加图层蒙版

3. 图层蒙版的停用与启用

添加图层蒙版后，可把临时不用的蒙版进行隐藏。

操作时，可选择“图层→图层蒙版→停用”命令或按住“Shift”键，在图层蒙版缩略图中直接单击即可停用图层蒙版。再次单击或选择“图层→图层蒙版→启用”命令，可显示蒙版。蒙版停用后，蒙版缩略图中显示为红色叉号。

4. 图层蒙版的编辑

单击“图层”调板中的图层蒙版缩览图，可将其激活，此时可以使用任意编辑工具或绘图工具在蒙版上编辑。

将蒙版涂成白色，可以显示图层中对应位置的图像；将蒙版涂成灰色，可以得到半透明效果；将蒙版涂成黑色，可以隐藏图层中对应位置的图像。

我的目标

目标内容与要求		
项目	知识点	技能要求
认识图层和图层的基本操作	图层的概念 图层类型 图层调版	图层的工作原理，图层的特点，图层的性质 普通图层、背景图层、文字图层等的概念 了解图层调板各部分的功能，掌握各部分的使用方法
图层的高级操作	多个图层的选择 图层的链接 对齐与分布图层	掌握多个图层选择的技巧，按“Shift”键可选择多个图层 了解链接图层的功能和方法 掌握图层的对齐与分布的方法，水平居中、垂直居中等
图层的合并	向下合并 合并可见图层 拼合图像	图层合并的概念和方法 合并图层的概念和方法 拼合图层的概念和方法 向下合并、合并可见层、拼合图层的区别
图层的混合模式	图层混合模式	图层混合模式的概念和原理 常用混合模式正常、溶解、正片叠底、滤色、叠加、颜色等的效果和特点
图层样式	图层样式的添加 复制与粘贴图层样式 隐藏与显示图层样式	会添加图层样式，了解调板中数值的功能，调整数值改变图层样式 修改图层样式 复制并粘贴图层样式 显示与隐藏图层样式
图层蒙版	图层蒙版的原理 图层蒙版的添加 图层蒙版的停用与启用 图层蒙版的编辑	了解图层蒙版的原理 能添加图层蒙版、修改图层蒙版 图层蒙版的停用、启用和删除 图层蒙版的管理

1.6　修　　图

我想了解

Photoshop 提供了强大的图像处理与修复工具，灵活地使用这些工具可以完美地修复图像。本章将通过具体实例介绍这些工具的使用方法与技巧。

我要知道

1.6.1　修复图像

1. 污点修复画笔工具

使用污点修复画笔工具时，只需在想要去除的瑕疵上单击或拖动鼠标，即可消除污点，修复时系统会自动匹配色彩、色调和纹理，使之与周围的像素协调统一，几乎不留任何痕迹。

2. 修复画笔工具

修复画笔工具是将取样点的像素融入目标图像，并且不会改变原图像的形状、光照、纹理等属性。在操作前，要先按“Alt”键，在图像中需要复制的区域单击，定义一个复制的起点。使用该工具可以轻松去除图像上的杂质，也可以合成图像。

修补工具与修复画笔工具效果类似，也是使用图像采样或图案来修复图像，同时又保留原图像的色彩、色调和纹理。

在使用修补工具时，首先要用该工具拖拉框选出需要修补的图像选区，再把选区拖拉到想要复制的图像区域即可。

3. 红眼工具

在弱光环境中拍摄照片时容易出现红眼现象，其原因是：在黑暗环境中，人眼瞳孔就会放大，闪光灯的强光突然照射，瞳孔来不及收缩，强光直射视网膜，视觉神经的血红色就会出现在照片上，从而形成“红眼”。

红眼工具是 Photoshop CS3 专门用于去除照片中的红眼的工具。操作时只需在图像中单击红眼区域，或者拖动鼠标框选红眼区域，即可去除红眼。

4. 仿制图章工具

仿制图章工具和修复画笔工具操作相似，两者都可以用来修复图像，操作时也都需要先按“Alt”键定义复制的起点。但用仿制图章工具修复的图像不能像修复画笔工具一样将取样点的像素融入目标图像中。

它的功能就像复印机，将图像中一个位置的像素原样复制到另一个位置，因此两个位置的图像完全一致。

5. 内容识别智能修复

使用套索工具，大致框选比要修复的区域略大一些的选区，按“Shift+F5”快捷键(或选择“编辑→填充”命令)，在弹出的“填充”对话框中选择“内容识别”，单击“确定”按钮，完成修复。

1.6.2 修饰图像

1. 历史记录画笔工具

历史记录画笔工具的主要功能是恢复图像，与“撤销”操作不同，它不是将整个图像恢复到以前的状态，而是对图像的局部进行恢复，因此可以对图像进行更细微的控制。

操作时只需要在图像中拖动鼠标，即可将拖动过的图像区域恢复到原来的状态。

2. 模糊工具

模糊工具是通过降低图像相邻像素之间的反差，使图像的边界变得柔和，常用来修复图像中的杂点或折痕。

3. 锐化工具

锐化工具与模糊工具恰好相反，它通过增大图像相邻像素之间的反差来锐化图像，从而使图像看起来更为清晰，使用方法与模糊工具相同。

4. 涂抹工具

涂抹工具通过混合图像的颜色来模拟手指搅拌颜料的效果，可用于修复有缺憾的图像边缘。

5. 减淡工具和加深工具

减淡工具和加深工具都是色调调整工具，它们分别通过增加和减少图像的曝光度使图像变亮或变暗，功能与“亮度/对比度”命令类似。

6. 海绵工具

海绵工具的作用是改变图像局部的色彩饱和度，可选择减少饱和度(去色)或增加饱和度(加色)，流量越大效果越明显。

我的目标

目标内容与要求		
项目	知识点	技能要求
修复图像	污点修复画笔工具 修复画笔工具 红眼工具 仿制图章工具 内容识别智能修复	污点修复画笔工具，单击或拖动鼠标，即可消除污点。 修复画笔工具，在操作前，要先按“Alt”键，在图像中需要复制的区域单击，定义一个复制的起点。可以去除图像上的杂质，也可以合成图像。 红眼工具，专门用于去除照片中的红眼。 仿制图章工具，将图像中一个位置的像素原样复制到另外一个位置，因此两个位置的图像完全一致。 内容识别智能修复，使用套索工具，大致框选比要修复的区域略大一些的选区。按“Shift＋F5”快捷键（编辑\填充），在弹出的“填充”对话框中，选择“内容识别”，单击“确定”按钮，完成修复
修饰图像	历史记录画笔工具 模糊工具 锐化工具 涂抹工具 减淡工具和加深工具 海绵工具	历史记录画笔工具，只需要在图像中拖动鼠标，即可将拖动过的图像区域恢复到原来的状态。 模糊工具，使图像的边界变得柔和。 锐化工具，通过增大图像相邻像素之间的反差来锐化图像。 涂抹工具，通过混合图像的颜色来模拟手指搅拌颜料的效果。 减淡工具和加深工具，它们分别通过增加和减少图像的曝光度使图像变亮或变暗。 海绵工具，改变图像局部的色彩饱和度，可选择减少饱和度（去色）或增加饱和度（加色），流量越大效果越明显

1.7　路　　径

路径是Photoshop中的矢量对象，是一种非常方便实用的图像编辑工具，可用来对图像的局部进行编辑和调整，还可以描边和填充颜色，也可以与选区相互转换，常用于描绘复杂的图像轮廓。

我想了解

本章将介绍路径的概念、路径绘制工具的使用、路径编辑工具的使用、路径的填充与描边。

我要知道

1.7.1 认识路径

1. 路径的概念

路径是指由贝塞尔曲线段构成的线条或图形,而组成线条和图形的点和线段都可以进行随意的编辑。

在 Photoshop 中,可以使用钢笔工具或自由钢笔工具创建路径,也可以使用形状绘制工具绘制路径。路径在图像上表现为一个虚拟的轮廓,而不是真实的图形,对图像不会产生任何影响。

2. 路径的作用

路径是 Photoshop 中的矢量对象,通过缩放工具进行操作时不会失真。它也是一种非常方便实用的图形编辑工具,也可以与选区相互转换,其作用主要归纳为两点:抠图及绘图。

3. 路径的要素

路径由锚点和连接锚点的直线段或曲线段构成,如图 1-67 所示。路径涉及如下几个主要概念。

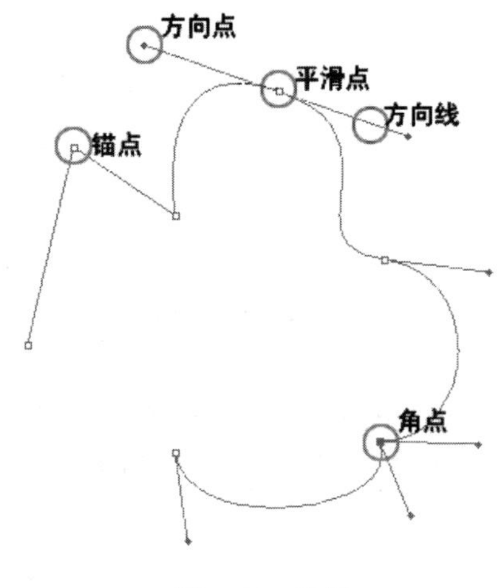

图 1-67 路径

(1) 锚点：即各线段的端点，有直线锚点和曲线锚点之分，曲线锚点又有平滑点和角点之分。

(2) 方向线：即曲线段上各锚点处的切线。

(3) 方向点：即方向线的终点，用于控制曲线段的大小和弧度。

(4) 平滑点：如果两条曲线段在一个相交锚点处的方向线是同一条直线，那么该锚点称为平滑点。当在平滑点上移动方向线时，将同时调整平滑点两侧的曲线段。

(5) 角点：如果两条曲线段在一个锚点处的方向不相同，那么该锚点称为角点。当在角点上移动方向线时，只需调整方向线同侧的曲线段。

1.7.2　创建路径

创建路径主要有两种方法：一种是使用路径绘制工具直接绘制；另一种是从选区进行转换。

Photoshop 中主要提供了两个路径绘制工具：钢笔工具和自由钢笔工具。

(1) 钢笔工具

钢笔工具 是最基本也是最常用的路径绘制工具，可以创建光滑而又复杂的路径。在工具箱中选择"钢笔工具"，其属性栏如图 1-68 所示。在绘制路径前，首先在属性栏中单击"路径"按钮，即可开始绘制路径。

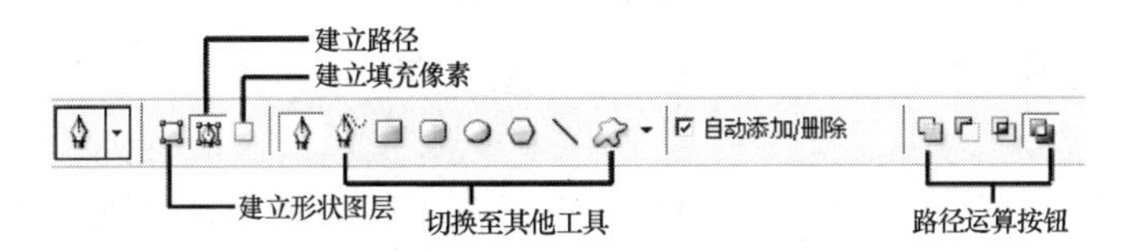

图 1-68　钢笔工具

绘制直线段：依次单击鼠标左键，确定直线段的起点和终点，Photoshop 会自动在单击过的图像位置产生锚点。如果要绘制倾角为 45°的直线段，则可以在单击终点位置时按住"Shift"键。

绘制曲线段：在需要创建锚点的图像中按住鼠标左键并拖动，在拖动鼠标时，会显示出方向线，鼠标指针的位置即为方向点的位置。通过改变方向线的方向和长度，可以控制曲线的形状。

绘制要点：① Photoshop 默认状态下绘制的都是平滑点。在用钢笔工具绘制路径时，可以按住"Alt"键，拖拉已产生的方向点，即可把平滑点转换为角点使用。② 绘制完所需的路径后，再次单击工具箱中的钢笔工具按钮，或者按住"Ctrl"键单击路径以外的位置，即可完成路径的绘制。③ 对于复杂路径的绘制，可以先放大视图，再使用路径绘制工具进行绘制。④ 在绘制路径的过程中还应注意，锚点要尽可能少。对于较平滑的图像边缘，应使用平滑点；对于有拐角的图像边缘，应使用角点，以确保得到准确的路径。

创建路径的方法如下。

① 按“Ctrl+N”快捷键新建一个文件，宽×高为 100 mm×100 mm。

② 在工具箱中选择“钢笔工具”，在其工具属性栏左边选择“路径”按钮。在图像靠上方的地方定义绘制的起点，并拖拉鼠标左键，产生方向点。

③ 按住“Alt”键，用鼠标左键拖拉平滑点右下角的方向点到右上方，使其产生角点，效果如图 1-69 所示。

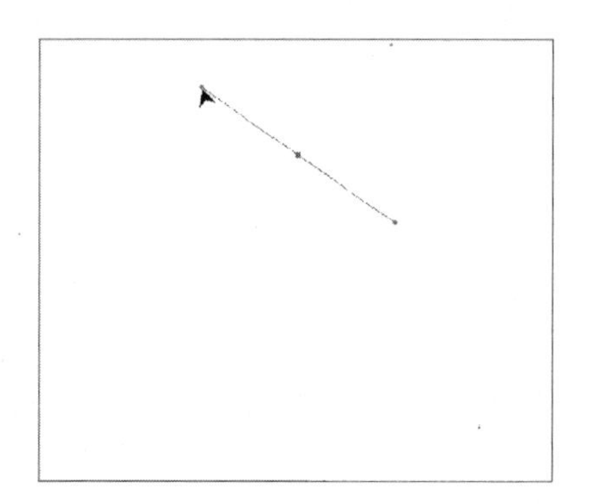
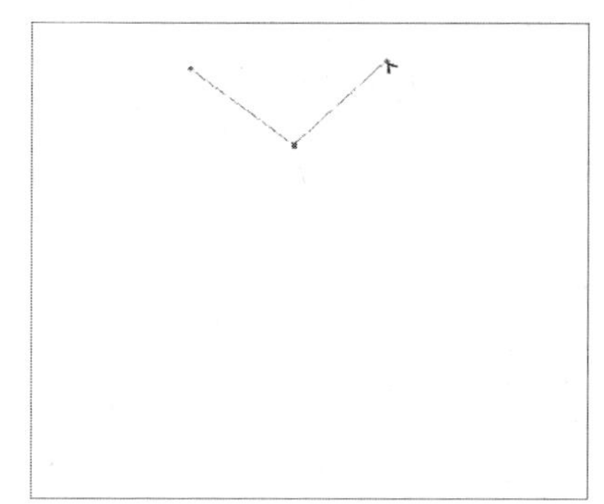

图 1-69　产生角点

④ 再使用钢笔工具在图像下方拖拉鼠标左键，使其和第一个锚点相连，产生一条线段。

⑤ 按住“Alt”键，用鼠标左键拖拉平滑点右下角的方向点到右上方，使其产生角点，效果如图 1-70 所示。

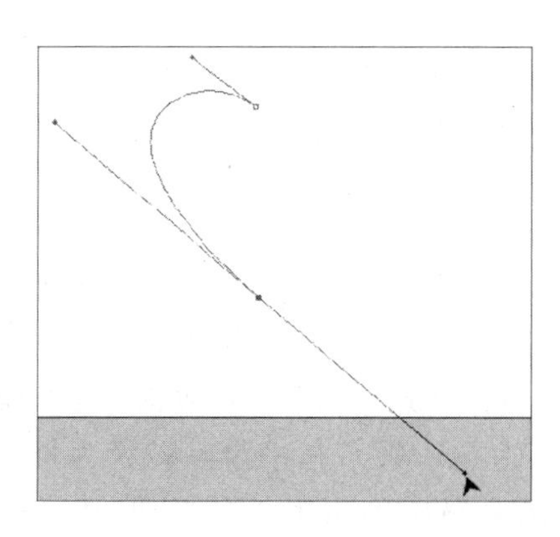
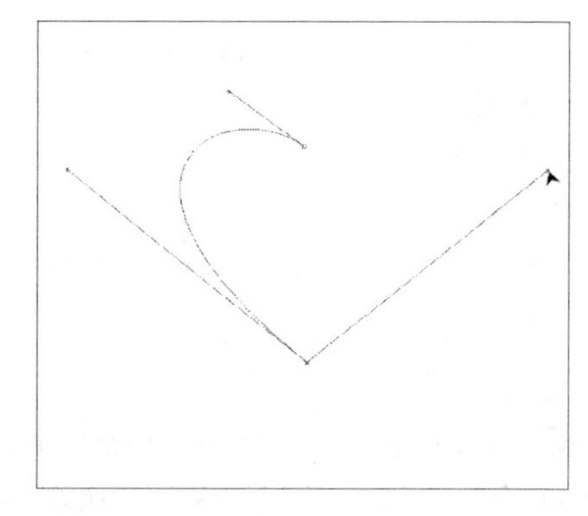

图 1-70　画出线段

⑥ 使用钢笔工具在起点上拖拉出心形的另一条线段即可，如图 1-71 所示。

⑦ 按“Ctrl＋S”快捷键保存文件，格式为 PSD。

图 1-71　画出心形

（2）自由钢笔工具

自由钢笔工具类似于铅笔工具、画笔工具等，该工具根据鼠标的拖动轨迹建立路径，即手绘路径，而不需要像钢笔工具那样，通过建立控制点来绘制路径。操作时在图像窗口中拖动鼠标即可，鼠标指针经过处将绘制出曲线路径。

1.7.3　编辑路径

对于边缘很复杂的图像来说，很难一次完成路径的绘制，在这种情况下，我们可以首先粗略地定位各个锚点，然后再通过其他路径编辑工具进行细微的调整。

1. 选择路径

在编辑路径前，首先要选中路径或路径上的锚点。Photoshop 提供了两种工具用来选择路径，即路径选择工具和直接选择工具。

① 路径选择工具：此工具用于选择和编辑整条路径。在工具箱中选择“路径选择工具”，单击路径，即可选中整条路径，此时路径中所有锚点显示为实心，如图 1-72(a)所示。

② 直接选择工具：此工具用于选择和编辑路径中的锚点。在工具箱中选择“直接选择工具”，单击路径中的某个锚点，可选中该锚点，此时该点显示为实心。如图 1-72(b)所示。

③ 按住“Ctrl”键单击路径,可以在路径选择工具和直接选择工具之间进行切换。在用“路径选择工具”和“直接选择工具”时,在按住“Shift”键的同时单击路径或锚点,可选中多条路径或锚点。

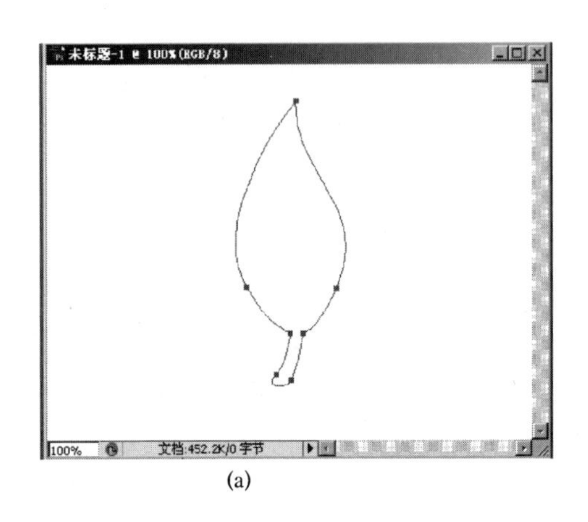

(a)

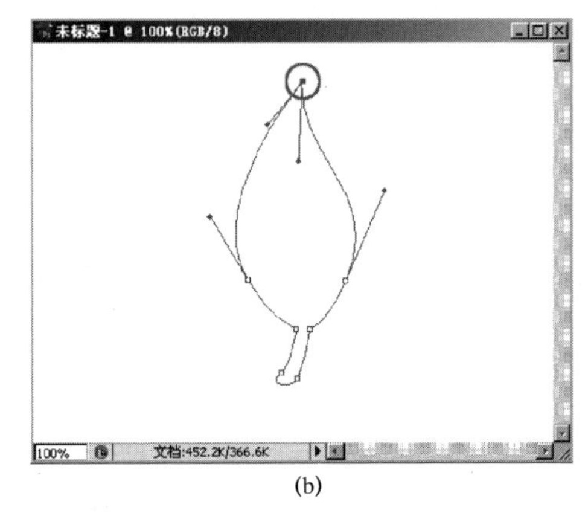

(b)

图 1-72　选择路径

2. 调整路径形状

① 移动直线段:使用“直接选择工具”选中需要移动的直线段,然后拖动该线段到所需位置,该线段两侧的线段会自动变形以跟随它移动,如图 1-73 所示。

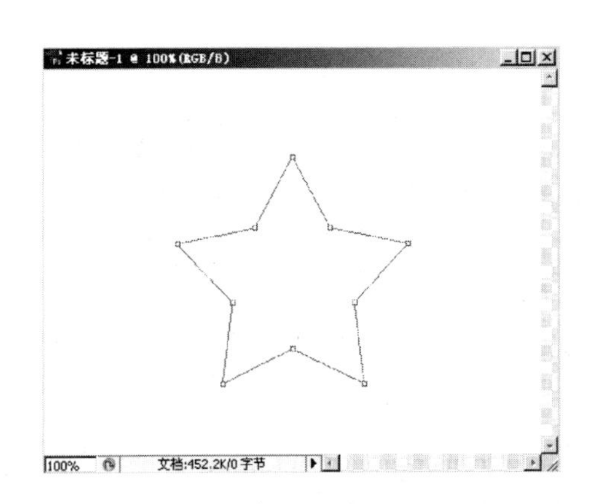

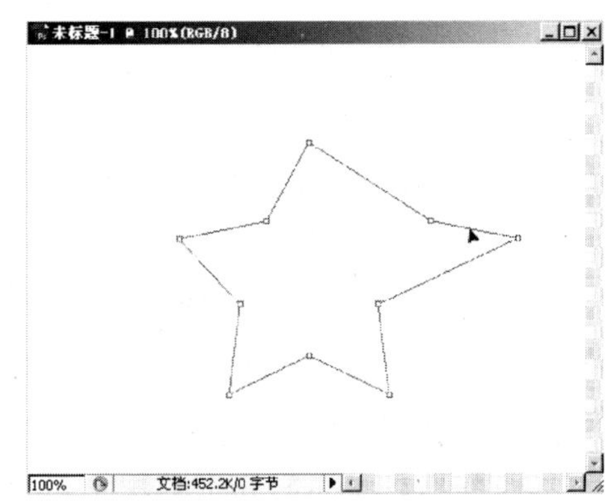

图 1-73　移动直线段

② 移动曲线段:使用“直接选择工具”选中曲线段的第一个锚点,然后按住“Shift”键选中曲线段的第二个锚点,拖动该曲线段到所需位置,线段的线形不会发生改变,其两侧的线段会自动变形跟随它移动,如图 1-74 所示。

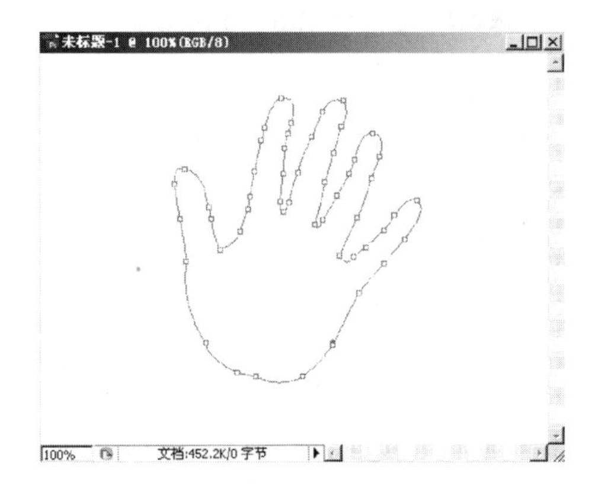

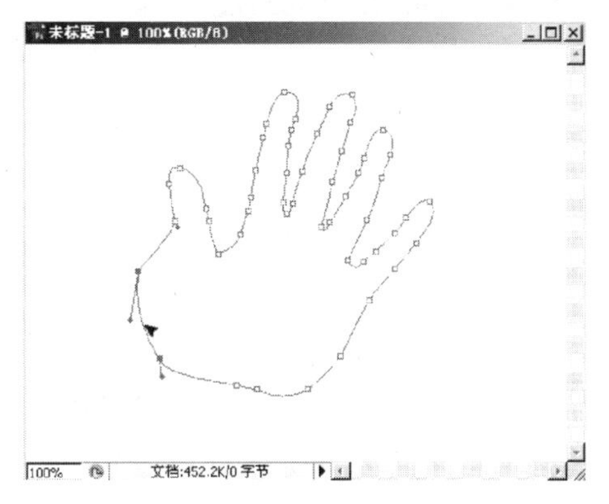

图 1-74 移动曲线段

③ 调整线形:用“直接选择工具”选中曲线段的锚点,然后拖动某一端的方向点,可以调整曲线的线形,按住“Alt”键拖动方向点,平滑点将改变为角点,此时可以分别移动两个方向点。

④ 转换锚点:使用“转换点工具”可以改变锚点的类型。选择该工具时,鼠标指针会变为“ ”形状,然后在直线锚点上拖动鼠标,将其转换为曲线锚点;单击曲线锚点,其转换为直线锚点;拖动平滑点上的方向点,可把该锚点转换为角点。

⑤ 增加锚点:选择“添加锚点工具”,将鼠标指针移动到路径上时,鼠标指针会变为“ ”形状,此时单击鼠标左键,可在该位置添加一个锚点。

⑥ 删除锚点:选择“删除锚点工具”,将鼠标指针移动到某个锚点上时,鼠标指针会变为“ ”形状,此时单击鼠标左键即可将该锚点删除。钢笔工具绘制路径时,按住“Ctrl”键可临时切换到直接选择工具。

3. 变换路径

与图像和选区一样,路径也可进行旋转、缩放、斜切、扭曲等变换。在变换路径之前,首先用“路径选择工具”选中该路径,此时,“编辑”菜单中的“自由变换”命令便会转换为“自由变换路径”命令,单击该命令或直接按“Ctrl+T”快捷键,即可对其进行变换操作。

1.7.4 路径与选区

1. 路径转换为选区

路径绘制编辑完成后,可以直接单击“路径”调板(“窗口→路径”)下方的“将路径作为选区载入”按钮 ,或按“Ctrl+Enter”快捷键,即可将路径转换为选区,如图 1-75 所示。

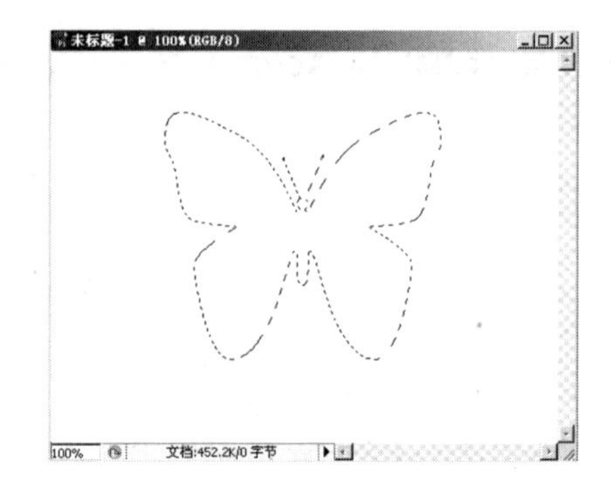

图 1-75　路径转换为选区

2. 选区转换为路径

用其他工具生成选区后，可以直接单击“路径”调板（“窗口→路径”）下方的“从选区生成工作路径”按钮。转换后的路径可以像绘制的路径一样进行编辑，如图 1-76 所示。

图 1-76　选区转换为路径

1.7.5　填充与描边

路径在图像中是一条矢量的虚拟轮廓，不能进行打印，但可以经过填充与描边处理产生像素图。

1. 填充路径

路径绘制编辑完成后，可以直接单击“路径”调板（“窗口→路径”）下方的“用前景色填充路径”按钮，即可把当前前景色填充到路径中。

2. 描边路径

路径绘制编辑完成后，可以直接单击“路径”调板（“窗口→路径”）下方的“用画笔描边路径”按钮，即可用“画笔工具”沿路径轮廓描边。

① Photoshop 默认的填充为前景色，描边状态为画笔。在操作时，可按住“Alt”键，单击填充和描边按钮，可打开其选项对话框设置填充及描边类型。

② 通过填充和描边的颜色会显示在图层上，所以在进行填充和描边之前，要注意图层的控制。

③ 路径操作完成后，单击其工具属性栏中右边的“解散目标路径”按钮，或直接在“路径”调板的空白区单击，可临时隐藏路径。

我的目标

目标内容与要求

项目	知识点	技能要求
认识路径	路径的概念 路径的作用 路径的要素	掌握路径的概念，理解路径是指由贝塞尔曲线段构成的线条或图形，而组成线条和图形的点和线段都可以进行随意的编辑。 明白路径的功能抠图及绘图。 掌握路径的要素，锚点、方向线、方向点、平滑点、角点的使用方法和互相的转换
创建路径	钢笔创建路径 自由钢笔工具	能使用钢笔工具绘制复杂的路径，能绘制直线段和曲线段。 使用自由钢笔工具根据鼠标的拖动轨迹建立路径，即手绘路径
编辑路径	选择路径 调整路径形状 变换路径	选取移动整个路径和选区路径结点。 添加删除路径锚点，转换直线路径为曲线，转换曲线为直线，调整整个路径等形状。 变换路径形状和大小
路径与选区	路径转换为选区，选区转换为路径	了解路径选区之间转换的意义、作用和原理，做选区和绘制图形的不同用处
填充与描边	填充路径 描边路径	掌握填充路径与描边路径的用法和技巧。 绘制不同效果的图形

1.8 通 道

通道是存储不同类型信息的灰度图像，最主要的应用是保存选区及保存颜色数据，通过对通道的各种运算可以合成具有特殊效果的图像。通道在制作图像特效方面应用广泛，但同时也是 Photoshop 最难于理解和灵活运用的功能之一。

我想了解

本章我们主要学习通道的分类、颜色通道的编辑及应用、Alpha 通道的编辑及应用、专色通道的概念。

我要知道

1.8.1 通道

对于初学者来说，通道的概念总是很模糊的。而实际上，对图像的编辑实质上就是对通道的编辑，因为通道是真正记录图像信息的地方，如色彩、选区等。我们可以使用各种选区工具、绘图工具、调整工具、滤镜对通道进行编辑。

1.8.2 通道的类型

Photoshop 中包括了三种基本的通道类型，即颜色通道、Alpha 通道和专色通道。

1.8.3 颜色通道

颜色通道用于保存图像的颜色信息，也称为原色通道。当打开一个图像时，Photoshop 会自动根据图像的模式建立颜色通道。例如，RGB 模式图像有三个颜色通道——红、绿、蓝。而 CMYK 模式图像有四个颜色通道——青、洋红(品)、黄、黑。如图 1-77 所示。所有颜色通道合成在一起，才会得到具有色彩效果的图像。如果图像缺少某一原色通道，则合成的图像将会偏色。

1. 颜色通道的编辑

颜色通道是 Photoshop 自动根据图像的色彩模式建立的。色彩模式不同，在通道调板中看到的颜色信息就不一样，每一个颜色信息提供了图像中的一种颜色，我们称为单色。每一个单色通道都可以进行编辑，而且编辑后会影响原图像效果，所以，可以通过编辑单色通道来修复如偏色、曝光等问题图像。

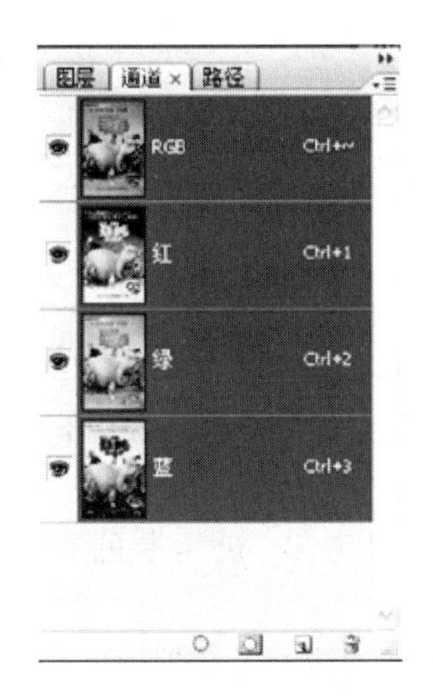

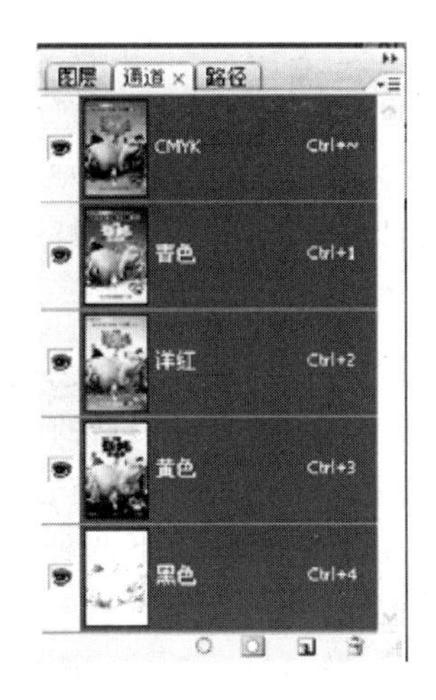

图 1-77　颜色通道

2. 颜色通道与抠图

颜色通道与其他通道一样，在通道显示时，白色表示被选取区域，黑色表示非选取区域，不同层次的灰度则表示该区域被选取的百分率。而在颜色通道中，图像的黑白对比又比较明显，所以，可以通过颜色通道中单色通道对图像进行抠图。

1.8.4　Alpha 通道

与颜色通道不同，Alpha 通道是用来保存选区的，白色表示被选取区域，黑色表示非选取区域，不同层次的灰度则表示该区域被选取的百分率。选区保存后就成为一个蒙版保存在 Alpha 通道中，在需要时可载入图像继续使用。

Alpha 通道最主要的功能是选区的存储和编辑，也可以用来制作特效。选区被存储为 Alpha 通道后，选区在通道中显示为白色，非选区在通道中显示为黑色，半透明区域在通道中显示为不同层次的灰色。

1. 创建 Alpha 通道

创建 Alpha 通道有三种常用的方法：① 先绘制好需要存储成 Alpha 通道的选区，选择“选择→存储选区”命令即可；② 绘制好需要存储成 Alpha 通道的选区，单击“通道”调板下方的“将选区存储为通道”按钮；③ 先单击“通道”调板下方的“创建新通道”按钮，新建一个空通道，再对其进行编辑。

2. Alpha 通道的编辑

Alpha 通道创建后，即可在“通道”调板中进行编辑。以往学习过的绘图和修图类工具、调整及滤镜等操作都可以在通道中使用，但在通道中不能进行彩色编辑。

1.8.5 专色通道

专色是指青、洋红、黄和黑四种原色油墨以外的其他印刷颜色。专色通道主要用于辅助印刷，比如烫金和烫银等特殊印刷。

1. 创建专色通道

除了位图模式以外，在其他颜色模式下都可以创建专色通道。专色的输出不受颜色模式的影响，只要确保最后的颜色模式及文件以 DCS2.0 格式或 PDF 格式存储，符合印刷要求即可，而不用担心专色通道会随着颜色模式的变化而变化。

创建专色通道常见有以下两种方法，均可弹出"新建专色通道"对话框，如图 1-78 所示。

① 按住"Ctrl"键，单击"通道"调板下方的"创建新通道"按钮；

② 单击"通道"调板右上角的箭头，在弹出的菜单中选择"新建专色通道"命令。

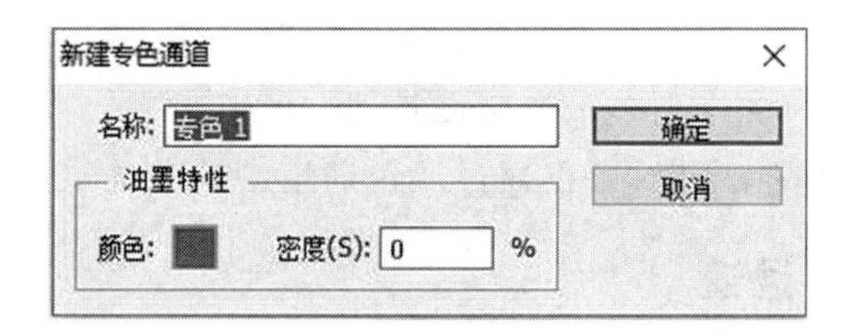

图 1-78 "新建专色通道"对话框

2. 专色通道的编辑

专色通道创建完成后，可以使用 Photoshop 的绘图工具和编辑工具对其进行编辑，更改图像颜色，如图 1-79 所示。

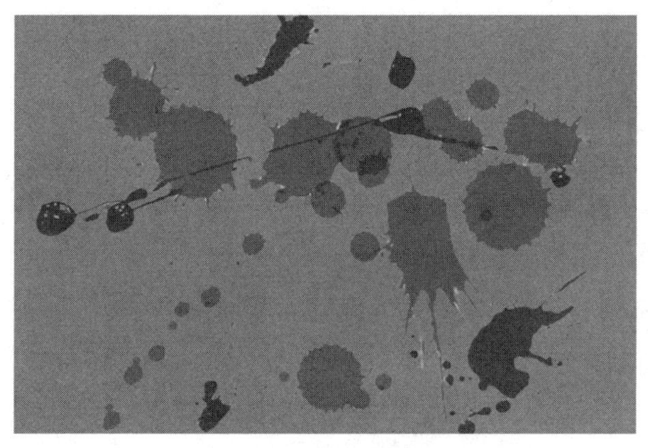

图 1-79 更改图像颜色

在工具箱中选择“魔棒工具”，在图像的背景色上单击，选取背景色范围。

切换至“通道”调板中，单击“通道”调板右上角的向下小箭头，选择“新建专色通道”命令，在打开的对话框中设置颜色(R=0、G=255、B=35)，此时，通道调板中将自动新建一个“专色 1”通道，如图 1-80 所示。

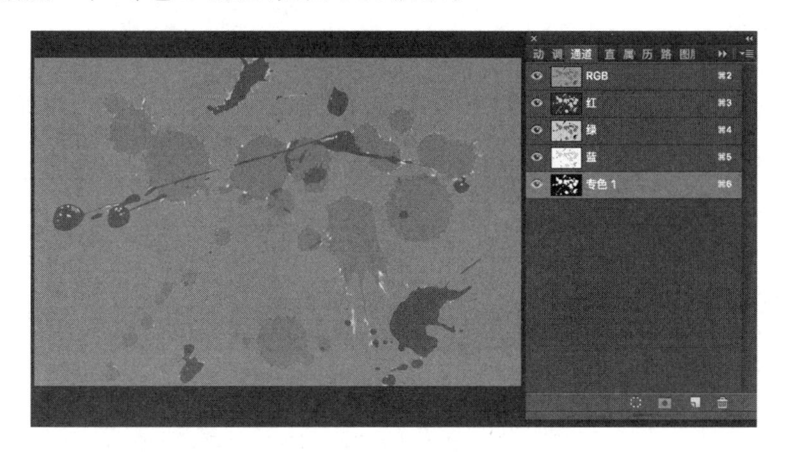

图 1-80　“专色 1”通道

单击“确定”按钮，再单击“RGB”通道，返回到图像中，效果如图 1-81 所示。

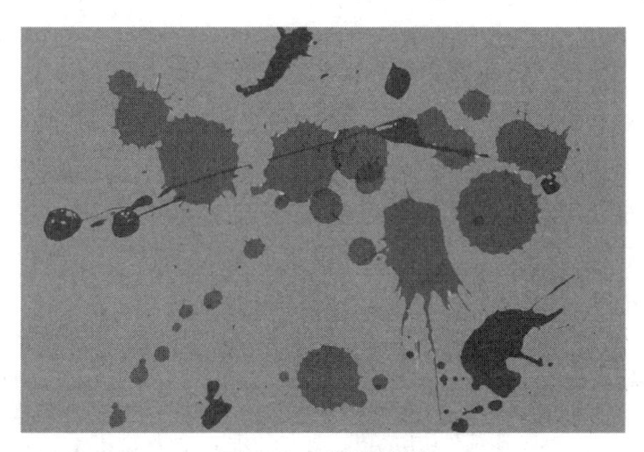

图 1-81　最终效果

我的目标

目标内容与要求		
项目	知识点	技能要求
认识通道	通道的概念 通道的类型及功能	通道是真正记录图像信息的地方，如色彩、选区等； 通道的种类有颜色通道、Alpha 通道和专色通道

续 表

目标内容与要求		
项目	知识点	技能要求
颜色通道	颜色通道的编辑 颜色通道与抠图	颜色通道用于保存图像的颜色信息，也称为原色通道。当打开一个图像时，Photoshop 会自动根据图像的模式建立颜色通道。 可以通过颜色通道中单色通道对图像进行抠图。在通道显示时，白色表示被选取区域，黑色表示非选取区域，不同层次的灰度则表示该区域被选取的百分率
Alpha 通道	创建 Alpha 通道 Alpha 通道的编辑	创建 Alpha 通道有三种常用的方法：① 先绘制好需要存储成 Alpha 通道的选区，选择“选择→存储选区”命令即可；② 绘制好需要存储成 Alpha 通道的选区，单击“通道”调板下方的“将选区存储为通道”按钮；③ 先单击“通道”调板下方的“创建新通道”按钮，新建一个空通道，再对其进行编辑。 Alpha 通道创建后，即可在“通道”调板中进行编辑
专色通道	创建专色通道 专色通道的编辑	除了位图模式以外，在其他颜色模式下都可以创建专色通道。 单击“通道”调板下方的“创建新通道”按钮。专色通道创建完成后，可以使用 Photoshop 的绘图工具和编辑工具对其进行编辑

1.9 调　　色

在图像处理过程中，图像色调与色彩调整起着重要作用。色调与色彩调整主要是对图像的色相、亮度、对比度和饱和度进行调整或校正，可以处理照片曝光过度或光线不足的问题，如改善旧照片，为黑白图像上色等。

我想了解

在本章中，将对 Photoshop 中图像调整的相关命令进行解释和剖析，然后通过实例对重点内容进行配合讲解。

我要知道

1.9.1　调整色调

1. 色阶

图像的色彩丰满程度和精细程度是由色阶决定的。拍摄的时候常见问题是亮度不够，照片灰暗，这时就需要色阶来调节，“色阶”对话框，如图 1-82 所示。

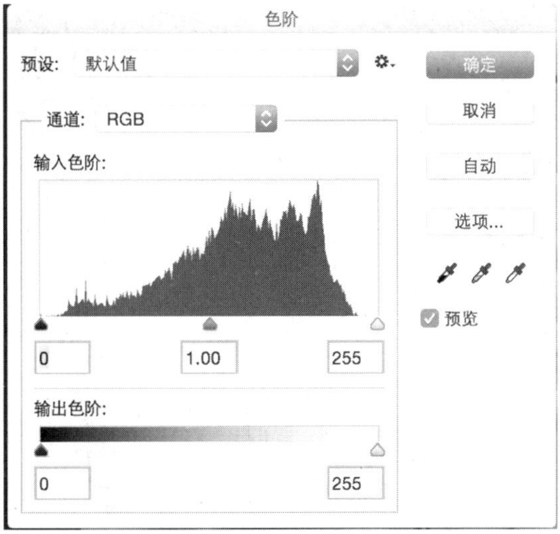

图 1-82　“色阶”对话框

“色阶”对话框最关键的是调整三个滑块：黑色的三角形滑块，调整图像暗部，效果是使暗部更暗；灰色的三角形滑块，调整中间色调，效果可调亮，也可调暗；白色的三角形滑块，调整图像亮部，效果是使亮部更亮，如图 1-83，图 1-84所示。

图 1-83　调整滑块效果一

图 1-84　调整滑块效果二

2. 白平衡

拍摄的照片有时候会偏色，这是因为光源不同、色温不同造成的。使用色阶来对白平衡进行校正，打开“色阶”对话框，使用最右边的吸管，找到图片中原本白色的区域并单击，如图 1-85、图 1-86、图 1-87 所示。

图 1-85 白平衡(一)

图 1-86 白平衡(二)

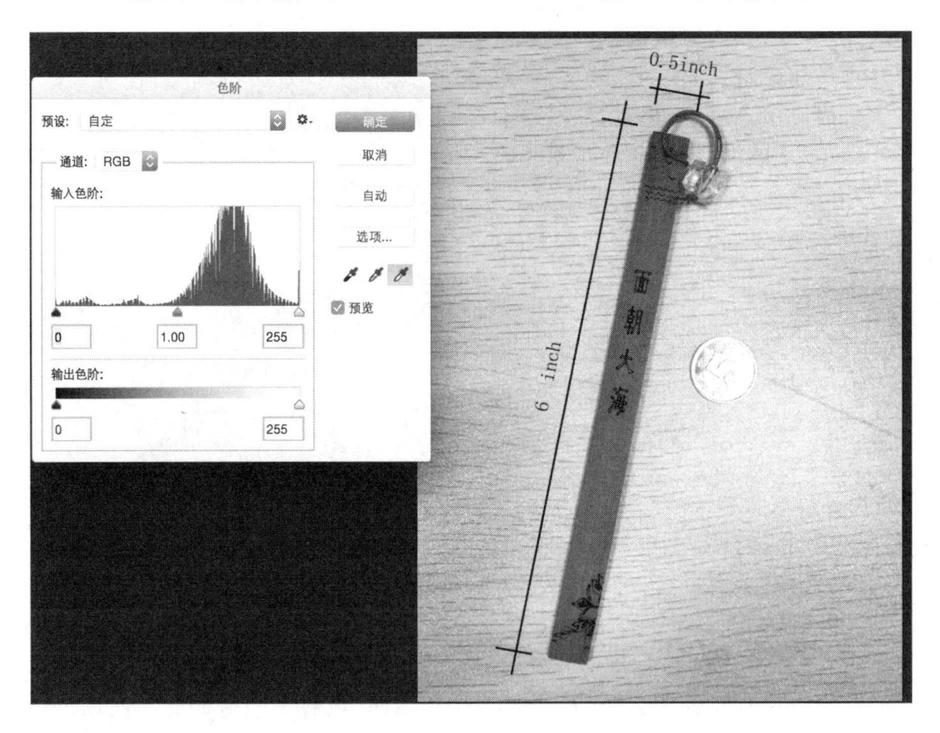

图 1-87 白平衡(三)

3. 曲线

调整偏色,调整 RGB 通道中的曲线形状。在混合通道里,可以调整曲线形状和明暗,如图 1-88 所示。

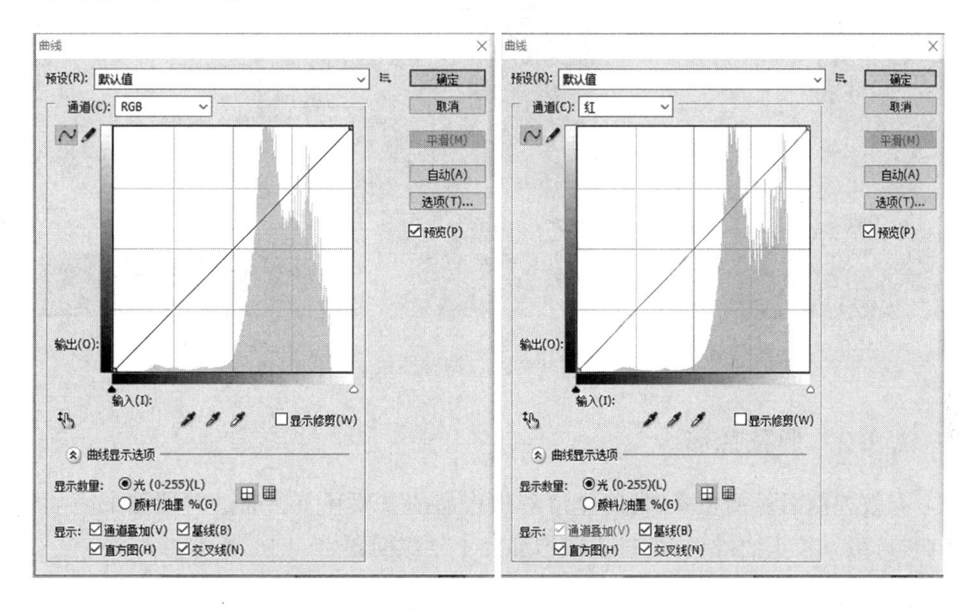

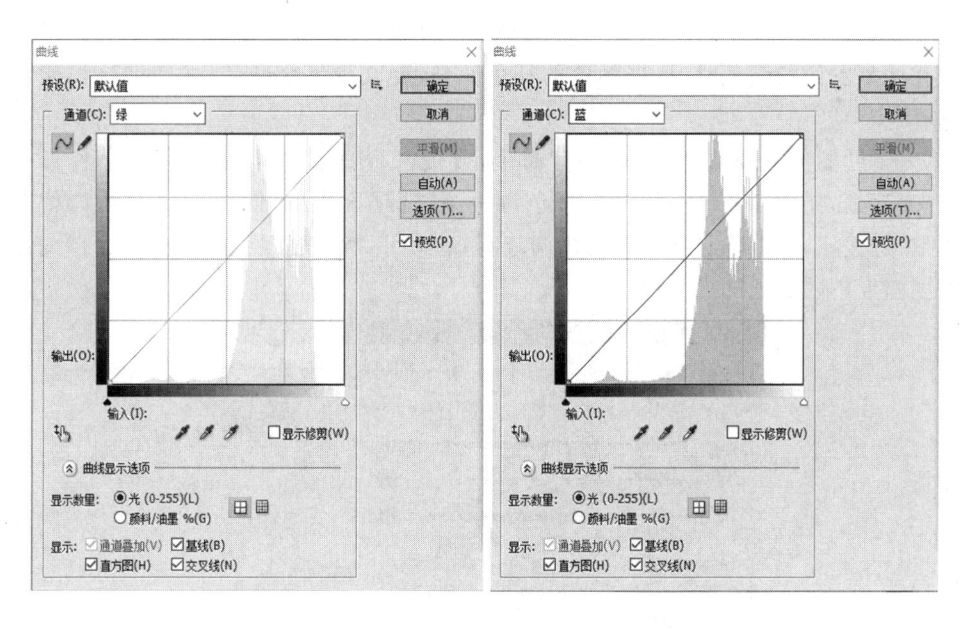

图 1-88　调整曲线

图 1-88(续)　调整曲线

1.9.2　调整色彩

有效控制图像的色彩，是制作出理想作品的重要环节。通过对图像的色彩进行调节，可以校正图像色偏、过饱或饱和度不足等问题。

1. 色彩平衡

“色彩平衡”命令可用来控制图像的颜色分布，使图像整体的色彩平衡。该命令在调整图像的颜色时，根据颜色的补色原理，要减少某个颜色，就增加这种颜色的补色。

选择“图像→调整→色彩平衡”命令，或按“Ctrl＋B”快捷键，将弹出“色彩平衡”对话框，如图 1-89 所示。选中“色调平衡”选项区中的“阴影”“中间调”或“高光”单选按钮，可以确定要调整的色调范围；选中“保持亮度”复选框，可以保持图像的明暗度不随颜色的变化而改变。

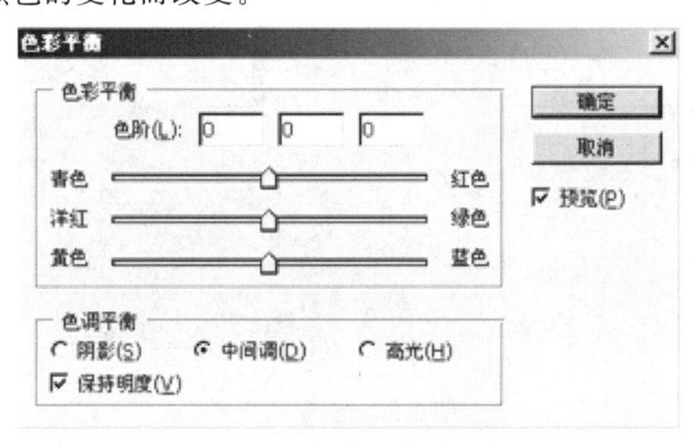

图 1-89　“色彩平衡”对话框

2. 饱和度

饱和度用来调整图片色彩的鲜艳程度，选择“图像→调整→色相/饱和度”命令，推荐使用调整图层，如图 1-90 所示。

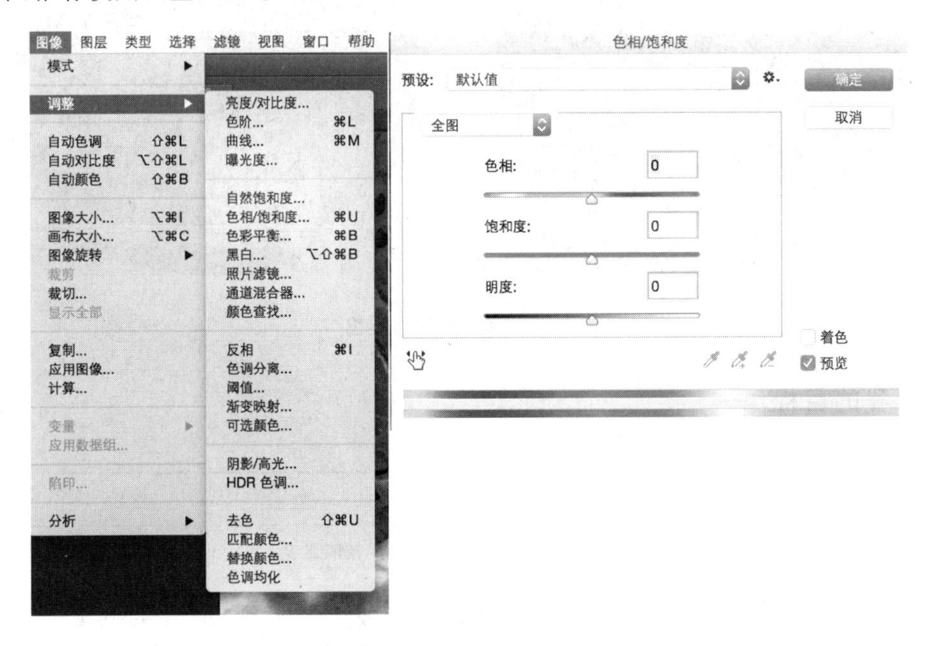

图 1-90　调整饱和度

3. 色相/饱和度

“色相/饱和度”命令用于调整图像像素的色相及饱和度，可用于灰度图像的色彩渲染，也可以为整幅图像或图像的某个区域转换颜色。

单击“图像→调整→色相/饱和度”命令或按“Ctrl＋U”快捷键，将弹出“色相/饱和度”对话框，如图 1-91 所示。

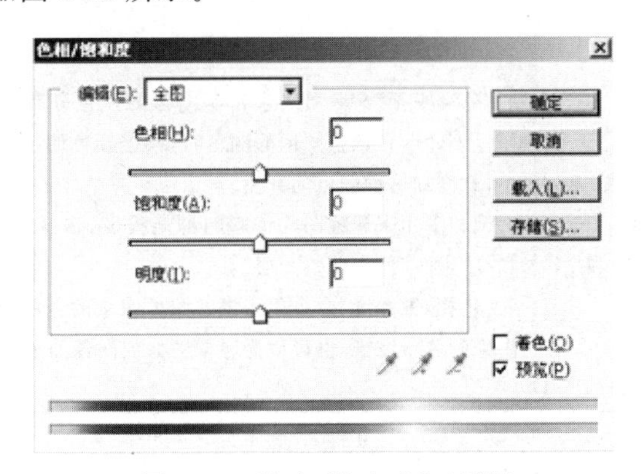

图 1-91　“色相/饱和度”对话框

在“色相/饱和度”对话框中，若选中“着色”复选框，图像将变成单色色相，可以通过调整“色相”值来改变图像的颜色，如图 1-92 所示。

图 1-92　改变图像的颜色

我的目标

目标内容与要求

项目	知识点	技能要求
调整色调	色阶 白平衡 曲线	图像的色彩丰满程度和精细程度是由色阶决定的。拍摄时常见的问题是亮度不够，照片灰暗，这时就需要色阶来调节。“色阶”对话框最关键的是调整三个滑块：黑色的三角形滑块，调整图像暗部，效果是使暗部更暗。灰色的三角形滑块，调整中间色调，效果可调亮，也可调暗色。白色的三角形滑块，调整图像亮部，效果是使亮部更亮。 使用色阶来对白平衡进行校正，打开“色阶”对话框，使用最右边的吸管，找到图片中原本白色的区域。 在混合通道里，可以调整曲线形状和明暗，调整偏色，调整 RGB 通道中的曲线形状
调整色彩	色彩平衡 饱和度 色相/饱和度	“色彩平衡”命令可用来控制图像的颜色分布，使图像整体的色彩平衡。该命令在调整图像的颜色时，根据颜色的补色原理，要减少某个颜色，就增加这种颜色的补色。 饱和度用来调整图片色彩的鲜艳程度，选择“图像→调整→色相/饱和度”，推荐使用调整图层。 “色相/饱和度”命令用于调整图像像素的色相及饱和度，可用于灰度图像的色彩渲染，也可以为整幅图像或图像的某个区域转换颜色

1.10 文字的编辑

我想了解

在平面设计中，文字一直是点缀画面必不可少的元素之一。它可以直接明了的表达出产品信息。Photoshop 的文字功能非常强大。利用文字工具，可以输入文字或创建文字选区，也可以对其进行属性设置、弯曲变形等操作。

我要知道

1.10.1 输入文字

Photoshop 提供了四种文字工具：横排文字工具、直排文字工具、横排文字蒙版工具和直排文字蒙版工具。

1. 输入点文字

在工具箱中选择一种文字工具，在图像窗口中单击，确定文本的位置，然后输入文字。这样输入的文字独立成行，不会自动换行，若要换行，需要按“Enter”键。这种文本被称为“点文字”，可以用于输入标题等内容较少的文字。

2. 输入段落文字

选择文字工具后，拖动鼠标绘制一个文本框，在文本框中输入文字，此时文字具有自动换行功能，可以按“Enter”键为文本分段，这种文本被称为“段落文字”，可以用于输入正文等内容较多的文字。

3. 转换点文字与段落文字

点文字及段落文字输入后，可根据需要进行相互转换。操作时，只需要确认选择文字所在的图层，直接选择“图层→文字→转换为段落(点)文字”命令。

4. 移动文字

在文字输入过程中，把鼠标移至文字框外边，或文字输入完成后，按住“Ctrl”键，鼠标指针会变成移动工具，直接拖拉鼠标左键进行文字移动。

1.10.2 文字类型

在 Photoshop 提供的文字类型中，使用“文字工具”输入的文字会自动生成文字图层；而“文字蒙版工具”则是创建文字选区，如图 1-93 所示。

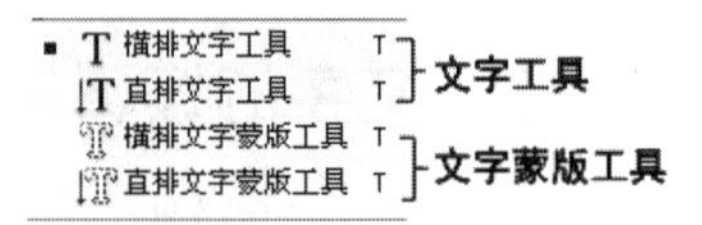

图 1-93　文字类型

1. 用文字工具输入

从工具箱中选择“横排文字工具”或“直排文字工具”，在图像中单击或拖拉即可在光标处输入文字，并在“图层”调板中产生一个新的文字图层，如图 1-94 所示。

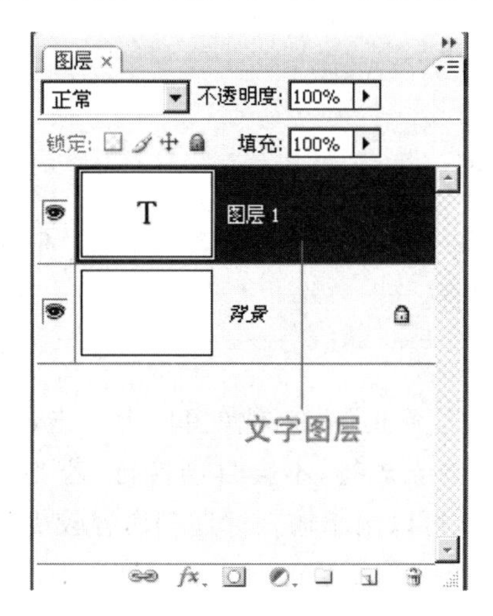

图 1-94　文字图层

(1) 文字图层的特征：图层缩略图中用“T”表示。

(2) 文字图层的特点：① 文字图层中的文字格式可进行随意地修改、编辑；② 文字图层不能进行修图和绘图操作。

2. 用文字蒙版工具输入

从工具箱中选择“横排文字蒙版工具”或“直排文字蒙版工具”，在图像中单击或拖拉，即可在光标处输入文字。图像中的非文字选区部分显示为半透明红色。输入完成后，显示为选区，如图 1-95 所示。产生的文字选区可以像普通选区一样进行操作，但不能再进行文字格式编辑。

1.10.3　编辑文字

文字输入后，可拖拉鼠标左键先框选需要进行文字格式设置的文字，再设置文字格式。

图 1-95　用文字蒙版工具输入

1. 文字工具属性栏

文字框选后，可以在文字工具属性栏中设置文字的字体、字号、对齐、颜色等格式。文字工具属性栏中各项的功能，如图 1-96 所示。

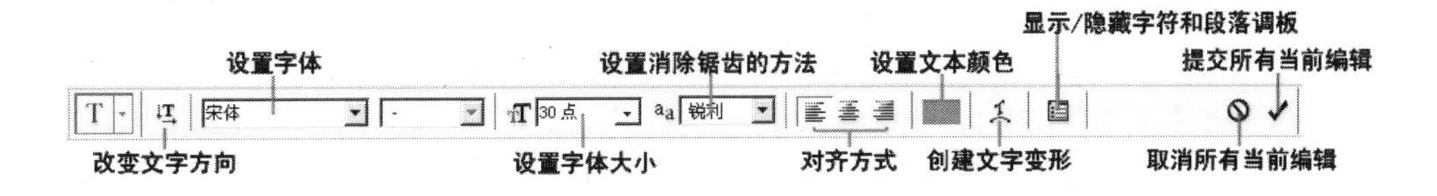

图 1-96　文字工具属性栏

2. 字符和段落调板

单击文字工具属性栏中的“显示/隐藏字符和段落调板”按钮 ，将弹出“字符”和“段落”调板，其中各选项的功能如图 1-97 和图 1-98 所示。

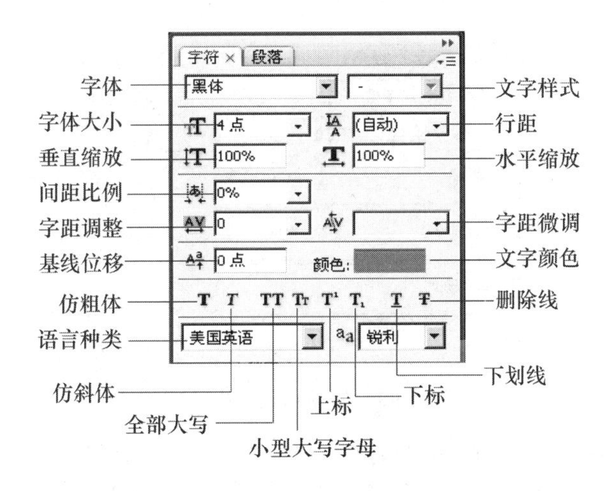

图 1-97　“字符”调板

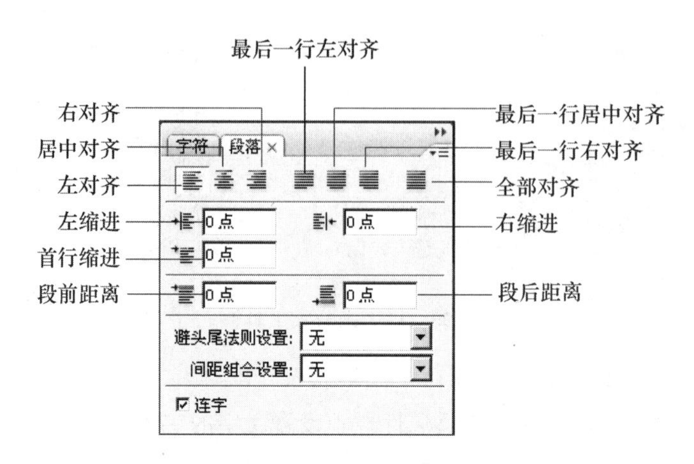

图 1-98 “段落”调板

(1) 框选文字后，按“Ctrl＋Shift＋＞”快捷键或“Ctrl＋Shift＋＜”快捷键，可以以 2 点为步长快速增大或减少文字的大小。

(2) 框选文字后，按“Ctrl＋Alt＋Shift＋＞”快捷键或“Ctrl＋Alt＋Shift＋＜”快捷键，可以以 10 点为步长增大或减少文字的大小。

(3) 字体安装：如果系统自带的字体不够用，可以从网上下载安装使用。把需要进行安装的字体选择、复制，再打开“C:\windows\Fonts”文件夹，粘贴即可。

3. 文字的变形

单击文字工具属性栏中的“创建文字变形”按钮，可弹出如图 1-99 所示的“变形文字”对话框，使用该对话框可制作多种文字变形艺术效果。

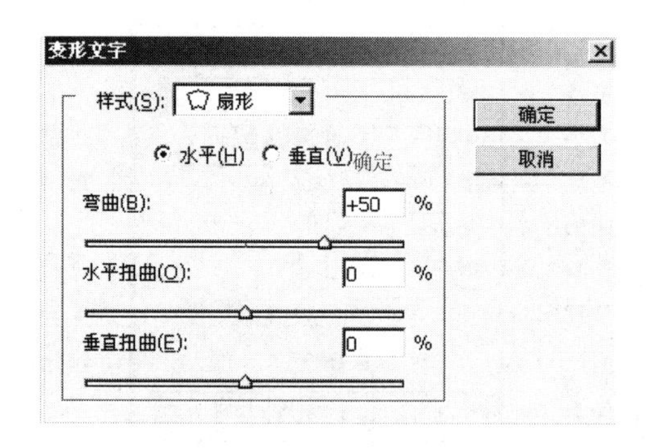

图 1-99 “变形文字”对话框

首先在“样式”下拉列表框中选择一种变形样式，如“扇形”“上弧”“下弧”样式等，然后选择变形方向，如“水平”或“垂直”，再拖动下方的三个滑块调整变形文本的参数，最后单击“确定”按钮，便得到文本变形效果。

1.10.4 创意文字

在很多的广告及标志设计中，会经常用到一些笔画变形的文字，如图 1-100 所示。在 Photoshop 中，可以把文字选区转换为工作路径，但是得到的路径容易变形，而通过文字图层创建的工作路径可以避免这种情况。

图 1-100 “心相印”商标

操作时，先用工具箱中的“横排文字工具”或“直排文字工具”在图像中输入文字，产生文字图层。在“图层”调板的文字图层上右击选择“创建工作路径”命令，即可在当前文字层的基础上创建一条新的工作路径。

我的目标

目标内容与要求

项目	知识点	技能要求
输入文字	输入点文字 输入段落文字 移动文字 转换点文字与段落文字	在工具箱中选择一种文字工具，在图像窗口中单击鼠标左键，确定文本的位置，然后输入文字。 选择文字工具后，拖动鼠标绘制一个文本框，在文本框中输入文字，点文字及段落文字输入后，可根据需要进行相互转换。操作时，只需要确认选择文字所在的图层，直接选择“图层→文字→转换为段落(点)文字”命令。 把鼠标移至文字框外边，或文字输入完成后，按住“Ctrl”键。鼠标指针会变成移动工具，直接拖拉鼠标左键进行文字移动
文字类型	用文字工具输入 用文字蒙版工具输入	从工具箱中选择“横排文字工具”或“直排文字工具”，在图像中单击或拖拉，即可在光标处输入文字，并在“图层”调板中产生一个新的文字图层。 从工具箱中选择“横排文字蒙版工具”或“直排文字蒙版工具”，在图像中单击或拖拉，即可在光标处输入文字。图像中的非文字选区部分显示为半透明红色。输入完成后，显示为选区

续 表

目标内容与要求		
项目	知识点	技能要求
编辑文字	文字工具属性栏 字符和段落调板 文字的变形	文字框选后,可以在文字工具属性栏中设置文字的字体、字号、对齐、颜色等格式。 单击文字工具属性栏中的"显示/隐藏字符和段落调板"按钮 ,将弹出"字符"和"段落"调板
创意文字	文字图层创建工作路径	操作时,先用工具箱中的"横排文字工具"或"直排文字工具"在图像中输入文字,产生文字图层。在"图层"调板的文字图层上右击选择"创建工作路径"命令,即可在当前文字层的基础上创建一条新的工作路径。结合路径面板和路径编辑工具,进行创意文字

第 2 章　网店美工视觉知识

2.1　色彩知识

我想了解

不论是平面设计、环艺设计、网页设计还是网店装饰，色彩都是重要的一个环节。不同的色彩给人带来的心理感受不同，比如，红色会给人热烈、红火、危险的感觉，橙色会给人开朗、休闲、快乐的感觉，黄色给人注目、明快、精力充沛的感觉等。在浏览一家店铺时，好的色彩能第一时间抓住人的视觉，并产生心理认同感，然后才有进一步阅读和了解的意图。色彩的运用应充分考虑消费者的心理、年龄、性别、生活环境、文化层次，对象不同应有不同的色彩表现。也要考虑产品属性，如食品、服装、电子产品，或者是季节性产品、快消品、耐用消费产品，好的色彩能加强及显示产品机能。

我要知道

同样是儿童产品，不同年龄段的色彩运用也有不同。总的来说，处于幼儿期的孩子，对高亮度和高纯度的色彩比较敏感，黄色和橙色等一些亮度较高的纯色与强暗色的对比搭配，比较容易一起小孩子的喜爱。进入学龄期后，随着小孩子心智的逐渐成熟，渐渐有了自己的色彩喜好，这一时期，男孩与女孩的色彩喜好渐渐分开，随着年龄的增大，对色彩的偏好也由纯色调的颜色向明亮色调的颜色转移。

婴幼儿适宜柔和明快的色彩搭配，如图 2-1 所示。

3～6 岁儿童喜爱高纯度的颜色，例如，纯度较高的红、黄、绿、橙等；6～12 岁儿童随着年龄上升，喜爱色彩的明度渐渐上升，在配色上，除了用红、黄、绿、蓝等颜色外，色彩搭配时要拉大配色的色相，如图 2-2 所示。

12～18 岁的青少年心智渐渐成熟，开始追求区别于其他人的个性色彩，在做这一年龄群少年的产品时，可以尝试着用挑战色的配色，白色与黑色的尝试使用，也可以提高产品的价值感，如图 2-3 所示。

图 2-1　婴幼儿产品色彩搭配

图 2-2　儿童产品色彩搭配

图 2-3 青少年产品色彩搭配

在网店设计中色彩的搭配是一个很重要的环节，我们有必要掌握基本配色知识，以避免常识性错误，也可以使设计配色和谐，抓住消费者心理。

2.1.1 色彩的基本分类

自然界的色彩可分为彩色和非彩色两大类。非彩色是黑色、白色和不同色阶的灰色，其他的颜色都属于彩色，如图 2-4、图 2-5、图 2-6 所示。

2.1.2 色彩的属性

色彩三要素即色相、明度、纯度，是色彩的三个属性，任何一种颜色都具有这三个属性。

1. 色相

色相是指色彩的相貌，确切地说是指依波长来划分的色光的相貌。如图 2-7 所示，红、橙、黄、绿、青、蓝、紫等。

图 2-4　黑、白、灰

图 2-5　不同色阶的灰色

图 2-6　灰度层次的黑白图片

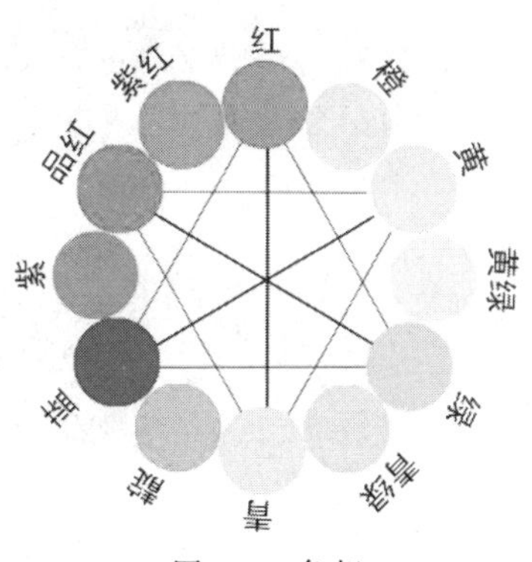

图 2-7　色相

2. 明度

明度是指色彩的明暗程度。色彩的明度有两个含义:一是指色彩的明暗深浅程度,如柠檬黄、土黄;非彩色系只有明度变化。二是指其他色彩相互比较的深浅程度,如黄、绿、紫。明度变化如图 2-8 所示。

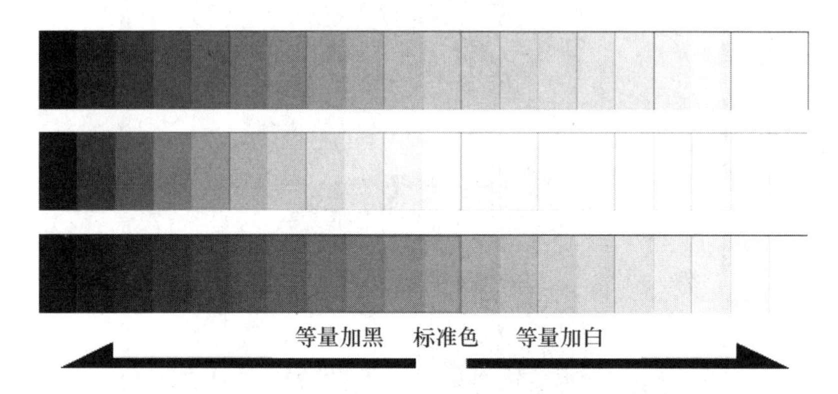

图 2-8 明度变化

3. 纯度

纯度是指色彩的纯净程度,又称色彩的饱和度。色彩含灰越多,色彩越浊,饱和度越低,反之饱和度越高,如图 2-9 所示。

图 2-9 纯度

2.1.3　色彩的搭配

1. 同类色配色

同类色是指色相相同，但明度不同的色彩。如淡绿、绿、暗绿，粉红、红、深红。把一种色明度提高或加深，饱和度提高或降低，而得到的一组色彩。用于设计色彩，色调统一，具有层次感。

如图 2-10 所示，我们确定一个主色调，只做明度变化，在页面中配出深浅不一的色彩，这种配色方法在各种设计中都会用到。

分析任何一家专业设计师设计的店铺都是如此，如图 2-11 所示。

图 2-10　同类色

图 2-11　店铺的设计

2. 对比配色、黄金分割法配色

在这里，对比多数指的是明度的对比，颜色色相明度差异大，这种配色会产生鲜明的对比。我们在黑板上写黑色的字，在白板上写白色的字肯定看不到，如果在黑板上写白色的字，在白板上写黑色的字。我们就能看得很清楚，这就是对比。在一个页面上如果没有明度的对比，就会显得杂乱无章，没有秩序。如果运用得当，画面就会色彩鲜明，想要突出哪个部分，就增强哪个部分的对比，如图 2-12 所示。

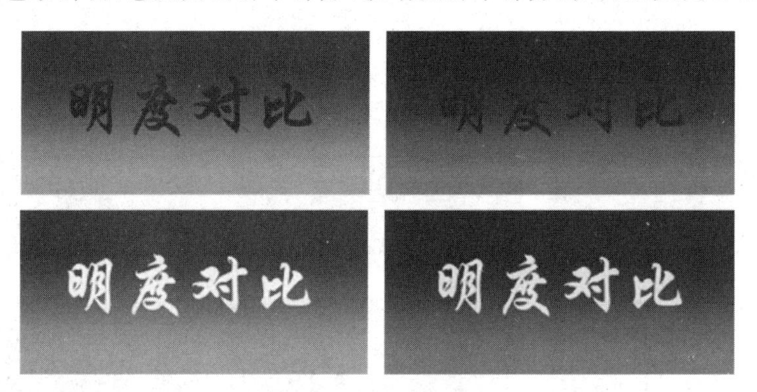

图 2-12　明度对比

在实际操作过程中，如果凭感觉设色，要么会主题不突出，要么杂乱，色调不协调。如何正确找到对比色？就是使用黄金分割法，取亮度值的黄金分割点。在 Photoshop 拾色器上，H 表示色相，S 表示饱和度，B 表示亮度，B 不是亮度的绝对值而是相对值，即相对亮度，用百分比表示。亮度有 0％～100％变化：0％代表黑色，100％代表白色。黄金分割点的比例值是 0.618，亮度值的黄金分割点就是大约 60％。如果底色的亮度值在 20％～40％之间，那么它的对比色的亮度值就是底色的亮度值加 60%,就是 80%～100%,饱和度可以稍加调整,为了保持统一,我们还是使用相同色相的色彩。

3. 相同明度、相同饱和度、不同色相的配色

调出同一色系,相同色彩感觉的配色。保证色彩的明度、饱和度相同,色相任意调节,这样就可以得到同一种感觉的色彩了,如图 2-13 所示。

图 2-13 相同明度、相同饱和度、不同色相的配色

我的目标

目标内容与要求

项目	知识点	技能要求
色彩基本分类	彩色和非彩色两大类	非彩色是黑色、白色和不同色阶的灰色,其他的颜色都属于彩色
色彩的属性	色彩三要素即色相、明度、纯度,是色彩的三个属性。任何一种颜色都具有这三个属性	色相:是指色彩的相貌,确切地说是指依波长来划分的色光的相貌。 明度:是指色彩的明暗程度。色彩的明度有两个含义,一是指色彩的明暗深浅程度,如柠檬黄、土黄;非彩色系只有明度变化。二是指其他色彩相互比较的深浅程度,如黄、绿、紫。 纯度:是指色彩的纯净程度,又称色彩的饱和度。色彩含灰越多,色彩越浊,饱和度越低,反之饱和度越高
色彩的搭配	同类色配色 对比配色、黄金分割法配色 相同明度、相同饱和度、不同色相的配色	同类色是指色相相同,但明度不同的色彩。如淡绿、绿、暗绿,粉红、红、深红。把一种色明度提高或加深,饱和度提高或降低,而得到的一组色彩。用于设计色彩,色调统一,具有层次感;这里对比多数指的是明度的对比,颜色色相明度差异大,这种配色会产生鲜明的对比。 调出同一色系,相同色彩感觉的配色。保证色彩的明度、饱和度相同,色相任意调节,这样就可以得到同一种感觉的色彩了

2.2 图像的构图布局

我想了解

一个店铺布局成功与否，直接决定了买家的购买欲望，盲目地堆砌，主次罗列混乱的布局，不但会使页面加载速度变慢，同时也无法突出地展示买家中意的商品。因此卖家要根据自己的风格、产品、促销活动，以图片和文字的形式将信息传达给买家，才能提升销量。

我要知道

2.2.1 首页布局

在设计首页时，一定要让浏览者在第一屏就把重要信息看完整，下面的促销信息也可以看到一部分。不同计算机屏幕的分辨率不同，要符合一般消费者使用的显示屏的条件，一般的小屏幕分辨率为 1024 像素×768 像素，要在这个区间把重要信息看完整。

如图 2-14 所示，这一界面没有看到重要信息，看不出是卖什么产品的。那么重要信息图片放在什么地方是最吸引眼球的呢？一般是黄金分割点的位置，黄金分割的比例是1∶0.618或 1.618∶1，如图 2-15 所示。

图 2-14　没有重点的店铺首页

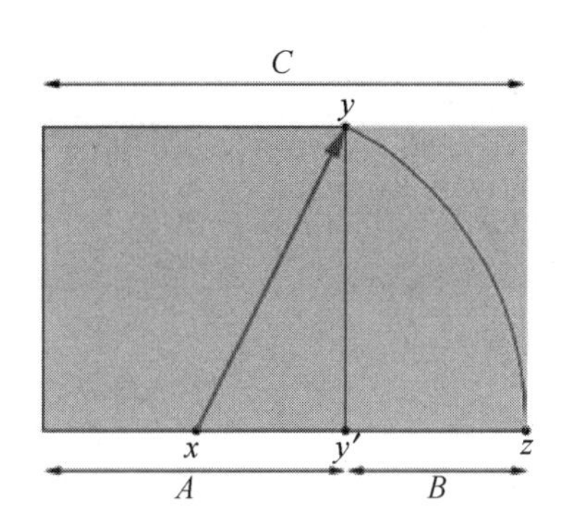

图 2-15　黄金分割比例

我们来看一下淘宝网的黄金分割比例应用，淘宝女装会场首页，重要信息插图全在黄金分割点上面，非常引人注意，如图 2-16 所示。

图 2-16　黄金分割比例的应用(一)

淘宝首页焦点图促销广告，重要信息也在黄金分割点上，如图 2-17 所示。

2.2.2　促销区

促销区好像是实体店的橱窗，是整个店铺的形象窗口，传达了店铺的品牌形象和促销活动等重要信息。

图 2-17　黄金分割比例的应用(二)

促销区不仅是促销,还体现了不可替代性,从服务、品质、价格、特殊效果、品牌效应、促销活动这六个方面说服客户。不单纯以价格优势,取得消费者的信任,从而产生不可替代性,比单纯以价格为重点的促销更有吸引力。

促销区一定要突出一个重点,不要想把所有信息一下传达出来,要突出一个重点吸引住消费者,再引导消费者一步步把剩下的信息了解清楚,如图 2-18、图 2-19、图 2-20 所示。

图 2-18　高品质,销量大,形象佳

图 2-19　外观获过设计大奖的热水壶,高颜值的热水壶

图 2-20　618 粉丝狂欢,卖点吸引消费者

2.2.3　店招

店招是店铺品牌展示的窗口,是买家对于店铺第一印象的主要来源。鲜明而有特色的店招对于卖家店铺形成品牌和产品定位具有不可替代的作用。

1. 设计原则

第一,在店招中注入自己的品牌形象,即店铺名称或者标志展示。

第二,结合产品进行定位,店招要有明确的品牌定位和产品定位,店招的文字和底图要对比鲜明,店铺名称字体要粗、厚重,给人以醒目和可信赖感,让人一眼就能够记住店名,如图 2-21 所示。

图 2-21 店招的设计

2. 设计要求

根据网页设计规范对店铺招牌进行设计，才能让店招完美地展现在店铺首页。例如，淘宝旺铺专业版店招的宽度尺寸为 950 像素，高度尺寸不超过 120 像素，可以上传 gif、jpeg 和 png 图片格式。

我的目标

目标内容与要求		
项目	知识点	技能要求
首页布局	黄金分割的比例	重要信息图片放在黄金分割点的位，黄金分割的比例是 1∶0.618
促销区	促销区设计要点	一个促销区广告，体现店铺形象，体现不可替代性，突出一个重点引导消费者了解其他卖点
店招	设计原则	在店招中注入自己的品牌形象，即店铺名称或者标志展示； 结合产品进行定位，店招要有明确的品牌定位和产品定位，店招的文字和底图要对比鲜明，店铺名称字体要粗、厚重，给人以醒目和可信赖感，让人一眼能够记住店名

2.3 文字处理

我想了解

文字是设计页面不可缺少的部分之一，与色彩相辅相成。字体的一切变化和形式都要与店铺页面风格相结合。不同字体在页面中渲染气氛效果也会不同，因此正确地应用字体，才能把店铺信息顺畅地传递给买家。

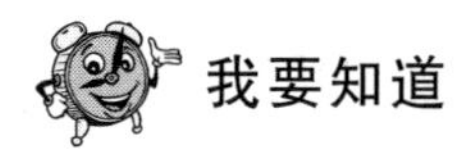

我要知道

2.3.1　字体的分类

字体就是文字的风格样式，字体也是文化的载体，不同字体给人的感觉也不同。学会合理地利用字体，能使我们的画面有品位和质感。

1. 宋体

宋体客观，雅致，大标宋古风犹存，给人古色古香的视觉效果。宋体是店铺页面使用最为广泛的字体，宋体字字形方正，笔画横平竖直，末尾有装饰部分，结构严谨，整齐均匀，有极强的笔画规律性，买家在观看时会有一种舒适醒目的感觉，常用于电器类目、家装类目等。

2. 黑体

黑体时尚、厚重、抢眼，多用于制作标题，有强调的效果。黑体又称方体或等线体，字形庄重，笔画横平竖直，笔迹全部一样粗细，结构醒目严密，笔画粗壮有力，撇捺等笔画不尖，使买家易于观看，常用于商品详情页等。

3. 仿宋

仿宋常见于观点提示或阐述等大面积使用的文字内容中。

4. 书法体

书法体即篆书、草书、楷体、行书等，书法字体将文字以美感和图案方式进行表达，体现的是文化气息，常用于书籍类目等古典气息浓厚的店铺。

5. 美术体

美术体应用范围比较广泛，通常为了美化页面而采用，如娃娃体、花瓣体等。常用于海报制作或模块设计的标题部分。如果应用适当，可以有效提升店铺页面的艺术品位。

常用的中英文字体，如图 2-22 所示。

常用的中英文字体

方正兰亭特黑
方正兰亭大黑
方正兰亭粗黑
方正兰亭中粗黑
方正兰亭中黑
方正兰亭黑简体
方正兰亭纤细黑
方正兰亭刊黑
方正兰亭超细黑

造字工房劲黑
造字工房力黑
造字工房朗倩
造字工房尚雅
造字工房朗宋
造字工房俊雅
造字工房尚黑
造字工房悦黑

方正谭黑简体
方正正粗黑简体
华康俪金黑
蒙娜超刚黑
时尚中黑简体
张海山草泥马体
方正清刻本悦宋简体
方正品尚黑简体

BEBAS
ABCDEFGHIJKLMNOPQR
STUVWXYZ
0123456789

AvantGarde Md BT
0123456789

图 2-22　常用的中英文字体

2.3.2 字体的基本使用技巧

字体的基本使用技巧，如图 2-23 所示。

标题可以使用笔画粗的字体
（方正兰亭粗黑、大黑等）

标题也可以使用艺术字体
（造字工房系列、方正谭黑、蒙娜超刚黑等）

标题还可以用笔画细的字体
（方正兰亭黑简体、方正中黑等）

二级标题可以使用更细的字体
（方正兰亭细黑、刊黑等）

图 2-23　字体的基本使用技巧

1. 提高文字的可读性

文字的主要功能是在视觉传达中向买家传达卖家的意图和各种信息，要达到这种目的，必须考虑文字在页面中的整体诉求，从而给买家清晰顺畅的视觉印象。因此页面中的文字应避免繁杂凌乱，要让买家易认易懂，从而充分表达设计的主题。

需要阅读的正文部分就不能用太粗的字体，因为正文部分字数比较多，所以字号比较小，在字号比较小的情况下，清晰的结构比较容易快速高效地阅读，所以正文部分为了保障阅读，一般使用比较细的字体，如图 2-24 所示。

图 2-24　比较细的字体

2. 文字的排版要给人以美感

在页面视觉传达的过程中，作为画面形象要素之一，文字排版要考虑全局因素，不能有视觉上的冲突。良好的排版不但可以向买家传递视觉上的美感，还可以提升店铺的品质，给买家留下良好的印象，如图 2-25 所示。

图 2-25 页面的排版

2.3.3 字体的高级使用技巧

1. 男性字体

粗犷、大气、硬朗、稳重、力量，一般选用笔画粗的黑体类字体或者有棱角的字体，大小、粗细搭配，有主有次，如图 2-26 所示。

图 2-26 男性字体

2. 女性字体

走可爱路线的女装店可以选择圆体、中圆、幼圆等为主字体，选择少女体、卡通体等。

个性时尚风格的女装店可以选择微软雅黑、准黑、细黑等为主字体，选择大黑、广告体为辅字体。

柔软、飘逸、俊秀、时尚，一般选用纤细、秀美、流畅、字形有粗细等细节变化的字体，如图 2-27 所示。

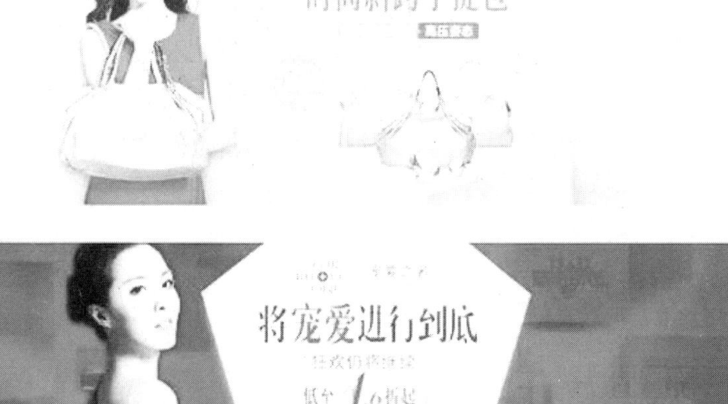

图 2-27 女性字体

3. 促销型字体

促销型文字要使用粗、显眼、倾斜、文字变形等字体，如图 2-28 所示。

4. 高端昂贵字体

纤细、小、优美、简约、干净利落，一般用笔画细的字体，字号也较小，多用英文搭配，更加时尚，如图 2-29 所示。

5. 文艺字体

民族风，纤细、优美、复古等，一般用笔画细的字体，字号也比较小，或用毛笔字体（用于标题），而且常采用竖向排版，如图 2-30 所示。

图 2-28　促销型字体

图 2-29　高端昂贵字体

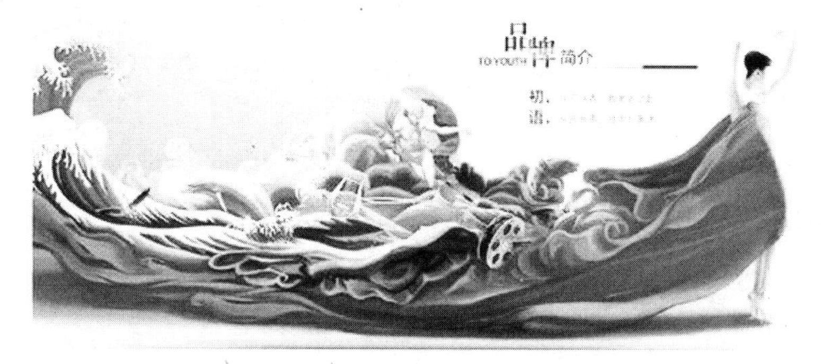

图 2-30　文艺字体

我的目标

目标内容与要求

项目	知识点	技能要求
字体的分类	宋体 黑体 仿宋 书法体 美术体	宋体：客观，雅致，大标宋古风犹存，给人古色古香的视觉效果。 黑体：时尚、厚重、抢眼，多用于标题制作，有强调的效果。 仿宋：常见于观点提示或阐述等大面积使用的文字内容中。 书法体：即篆书、草书、楷体、行书等，书法字体将文字以美感和图案方式进行表达，体现的是文化气息，常用于书籍类目等古典气息浓厚的店铺。 美术体：应用范围比较广泛，通常为了美化页面而采用，如娃娃体、花瓣体等

续表

目标内容与要求		
项目	知识点	技能要求
字体的基本使用技巧	提高文字的可读性 文字的排版要给人以美感	需要阅读的正文部分不能用太粗的字体，因为正文部分字数比较多，所以字号比较小，在字号比较小的情况下，清晰的结构比较容易快速高效地阅读，所以正文部分为了保障阅读一般使用比较细的字体。 在页面视觉传达的过程中，作为画面形象要素之一，文字排版要考虑全局因素，不能有视觉上的冲突。良好的排版不但可以向买家传递视觉上的美感，还可以提升店铺的品质，给买家留下良好的印象
字体的高级使用技巧	男性字体 女性字体 促销型文字 高端昂贵 文艺	粗犷、大气、硬朗、稳重、力量，一般选用笔画粗的黑体类字体或者有棱角的字体，大小、粗细搭配，有主有次。柔软、飘逸、俊秀、时尚，一般选用纤细、秀美、流畅、字形有粗细等细节变化的字体。 要使用粗、显眼、倾斜、文字变形等。纤细、小、优美、简约、干净利落，一般用笔画细的字体，字号也较小，多用英文搭配，更加时尚。 民族风，纤细、优美、复古等，一般用笔画细的字体，字号也比较小，或用毛笔字体(用于标题)，而且常采用竖向排版

第3章　轻轻松松——搞定网店照片拍摄

在网络商业活动中，顾客看不到实物，商家只能用图片来展示商品，每一张图片都必须符合客观展示商品，展示商品属性、用途的要求，还要能吸引顾客购买，所以商品拍摄是网店销售过程中的重要环节。

3.1　了解拍摄器材

我想了解

想要拍出好的图片，选择最适合网拍的相机，就需要对相机和拍摄设备有一定的认识。

我要知道

3.1.1　选用相机

1. 选择全自动数码相机

全自动数码相机，又称卡片数码相机，也是最普通的数码相机，许多的功能都由数码相机内设的程序固定，使用者一般只需要对准商品，按下快门就完成了拍摄工作。这种相机的体积小、价格低，使用起来比较简单。如图 3-1、图 3-2 所示。

图 3-1　全自动数码相机

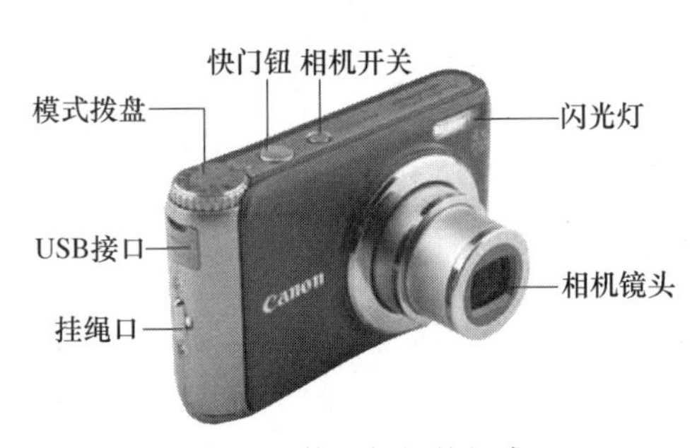

图 3-2　数码相机的组成

2. 专业数码相机

专业数码相机，一般是单镜头反光数码相机，是高端数码相机，可以选择全自动模式，也可选择手动模式（M 档），适合专业商品拍摄，对大型商品有很好的表现力，可以根据拍摄的需要选购专业镜头。它体积较大，价格相对较高，是较专业的相机。专业数码相机具有自动对焦、自动曝光、自动白平衡、自动闪光灯等，如图 3-3、图 3-4 所示。

图 3-3　专业数码相机

图 3-4　专业数码相机的镜头

3.1.2　辅助器材

1. 三脚架

商品拍摄离不开三脚架的帮助，数码相机的抖动常常导致拍摄出的商品图片模糊或边缘不够锐利。选择三脚架的第一个要素就是稳定性，如图 3-5、图 3-6 所示。

图 3-5　用三角架拍摄

图 3-6　三角架

2. 摄影棚、摄影台

摄影台一般拍静物，也称静物台，一般用来拍摄小商品或其他广告照片，选择一个稳定水平的平台，用常规柔光照明即可，如图 3-7、图 3-8 所示。

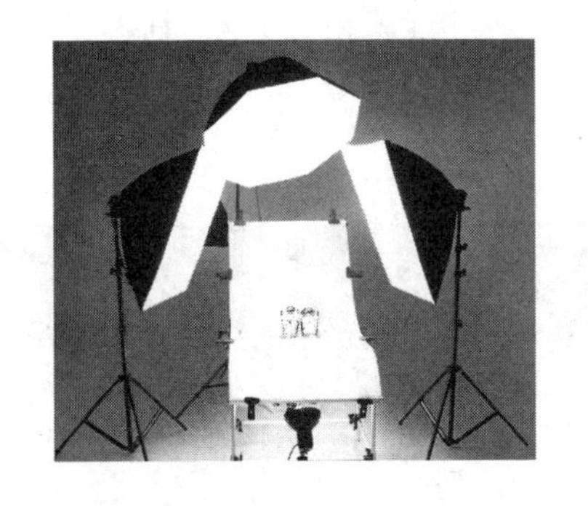

图 3-7 摄影台(一)

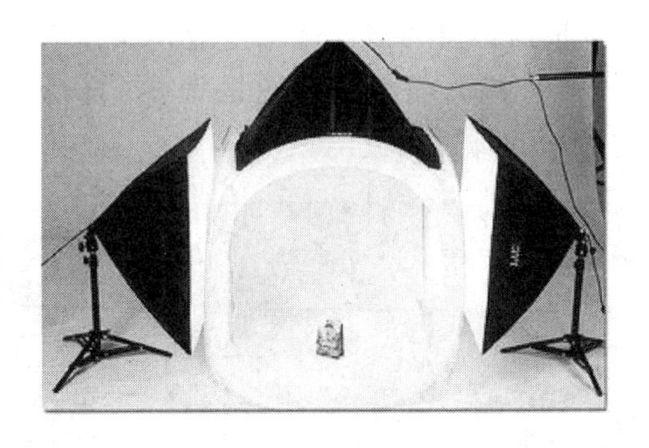

图 3-8 摄影台(二)

3. 灯光设备

要准备灯光设备，必须了解什么是造型光(主光)、辅助光、背景光、轮廓光等基本概念。我们先学习两种灯光：主光——造型光，一般是较强聚光；辅助光——散光较弱，以降低反差，减弱调面的生硬和暗部细节的丧失，如图 3-9、图 3-10所示。

图 3-9 主光和散光(一)

图 3-10 主光和散光(二)

3.1.3 使用相机

1. 拍摄模式

拍摄模式有全自动模式(Full Auto)、程序自动模式(P)、快门优先模式(TV)、光圈优先模式(AV/A)、全手动模式(M)，如图 3-11 所示。

图 3-11　拍摄模式

2. 光圈

f 值越小，光圈越大；f 值越大，光圈越小。光圈的三个主要作用是控制进光量、控制景深、控制成像质量，如图 3-12 所示。

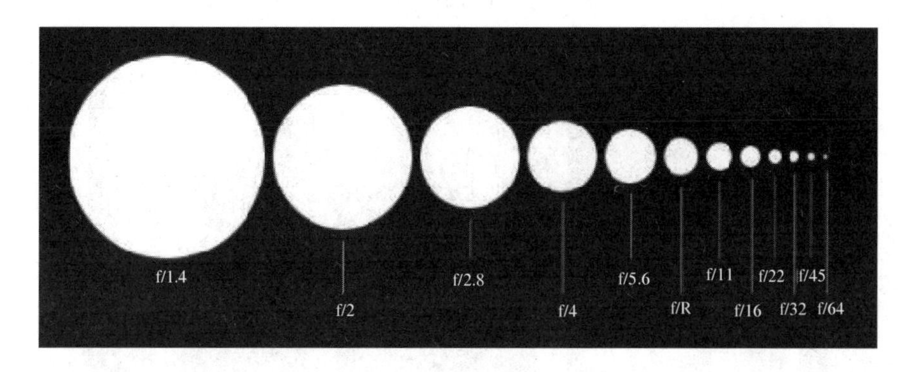

图 3-12　光圈

3. 如何选择快门速度

快门速度＝曝光时间

安全快门＝1/当前拍摄焦距

常用快门速度为 1/80 秒～1/250 秒之间。

4. 感光度(ISO)

低 ISO 值适合营造清晰、柔和的图片，高 ISO 值可以补偿灯光不足的环境，室外光线 ISO 在 100～400 之间，如图 3-13 所示。

图 3-13　感光度

5. 相机握持方法

相机握持方法包括横向持机、纵向持机，如图 3-14、图 3-15 所示。

图 3-14　相机握持方法(一)

图 3-15　相机握持方法(二)

6. 如何对焦

将相机对准被摄体,半按快门按钮,进行对焦。合焦于被摄体,在半按快门的状态下调整构图,按照三分法进行构图,完全按下快门按钮,进行拍摄,如图 3-16、图 3-17 所示。

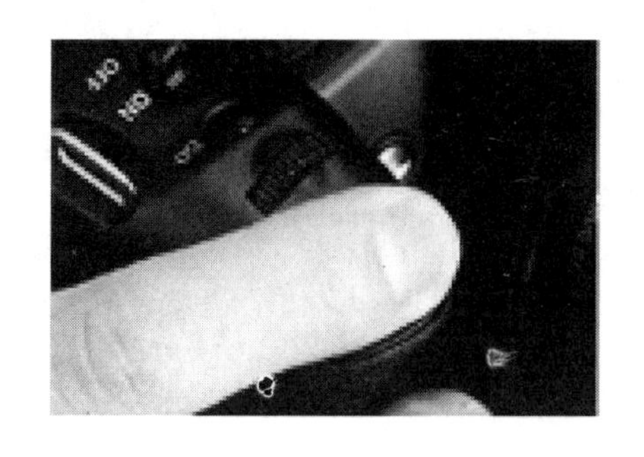

图 3-16　对焦(一)

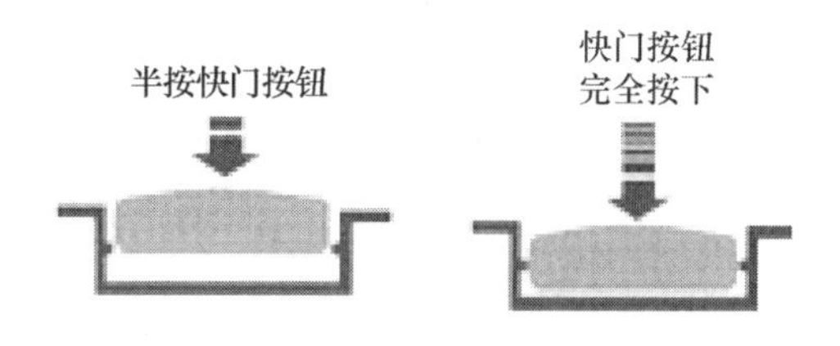

图 3-17　对焦(二)

7. 曝光

曝光是指被摄影物体发出或反射的光线，通过照相机镜头投射到感光片上，使之发生化学或物理变化，在产生显影的过程中，有三个因素能影响一张图片是否正确曝光：光圈、快门速度、ISO(感光度)。

(1) 各种光线条件下曝光组合方案，如表 3-1 所示。

表 3-1　曝光组合方案

序号	光线条件	快门选择 1/s	感光度(ISO)	曝光补偿调整方案
1	晴朗的天气，阳光明媚，晴天多云	125	100	在拍摄一张后进行曝光补偿调整，画面偏暗+1/3EV，过曝则-1/3EV
2	阴天	80～125	200	同上
3	阴雨天，早上，傍晚时分	80～125	400	同上

(2) 曝光三角关系，如图 3-18 所示。

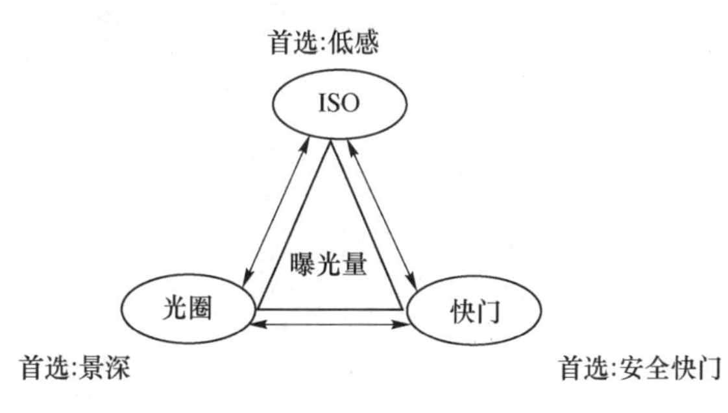

图 3-18　曝光三角关系

(3) 曝光组合与影像效果,如表 3-2 所示。

表 3-2　曝光组合与影像效果

快门速度	光圈	影像效果
1/16 秒	f/22	大景深,适合风光片
1/30 秒	f/16	
1/60 秒	f/11	
1/125 秒	f/8	景深适中
1/250 秒	f/5.6	
1/500 秒	f/4	
1/1000 秒	f/2.8	
1/2000 秒	f/2	小景深,适合人像片

(4) 曝光控制,如图 3-19 所示。

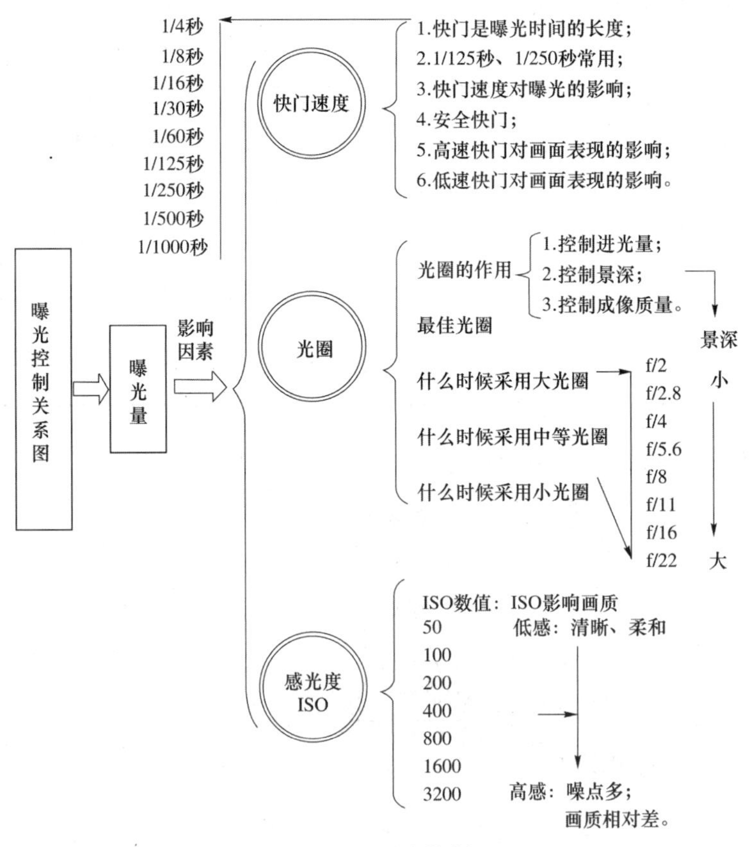

图 3-19　曝光控制

我的目标

目标内容与要求		
项目	知识点	技能要求
使用相机	选择全自动数码相机 专业数码相机	全自动数码相机体积小、价格低，使用起来比较简单； 专业数码相机体积较大，价格相对较高，是较专业的相机
辅助器材	三脚架 摄影棚、摄影台	商品拍摄上离不开三脚架的帮助，数码相机的抖动常常导致拍摄出的商品图片模糊或边缘不够锐利。选择三脚架的第一个要素就是稳定性； 摄影台一般拍静物，也称静物台，一般用来拍摄小商品或其他广告照片，选择一个稳定水平的平台，用常规柔光照明即可
选用相机	拍摄模式 光圈 如何选择快门速度 感光度 相机握持方法 如何对焦 曝光	拍摄模式有全自动模式(Full Auto)、程序自动模式(P)、快门优先模式(TV)、光圈优先模式(AV/A)、全手动模式(M)； f值越小，光圈越大；f值越大，光圈越小，光圈的三个主要作用是控制进光量、控制景深、控制成像质量； 快门速度＝曝光时间 安全快门＝1/当前拍摄焦距 常用快门速度在1/80秒～1/250秒之间； 低ISO值适合营造清晰、柔和的图片，高ISO值可以补偿灯光不足的环境，室外光线ISO在100～400之间； 相机握持方式有横向持机、纵向持机； 将相机对准被摄体，半按快门按钮，进行对焦。合焦于被摄体，在半按快门的状态下调整构图，按照三分法进行构图，完全按下快门按钮，进行拍摄； 曝光，是指被摄影物体发出或反射的光线，通过照相机镜头投射到感光片上，使之发生化学或物理变化，在产生显影的过程中，有三个因素能影响一张图片是否正确曝光：光圈、快门速度、ISO(感光度)

3.2　环境与布光

我想了解

光是色彩之源，光的变化会影响买家对商品的外在感官，人们只有在适当的光线下才会充分感知到物体的色彩。

我要知道

要拍出适合实物感观的图片，光线角度的选择将起到决定性的作用。

3.2.1 正面两侧布光

在商品拍摄中，正面两侧布光是最常见的布光方式，正面投射出来的光线全面而均衡，商品表现全面，不会有暗角，如图 3-20 所示。

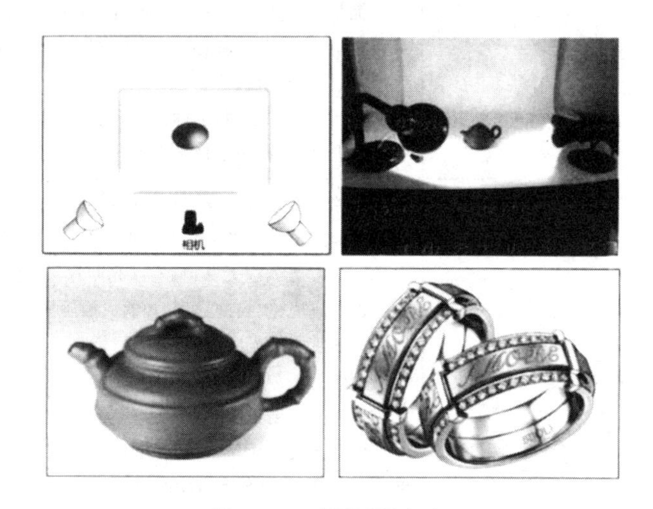

图 3-20 正面两侧布光

3.2.2 两侧 45°布光

两侧 45°布光使商品的顶部受光，正面没有完全受光，适合拍摄外形扁平的小商品，不适合拍摄立体感较强且有一定高度的商品，如图 3-21 所示。

图 3-21 两侧 45°布光

3.2.3　单侧45°不均衡布光

商品一侧出现严重阴影，底部的投影也很深，商品表面的很多细节无法得以呈现，同时，由于减少了环境光线，反而增加了拍摄的难度，如图3-22所示。

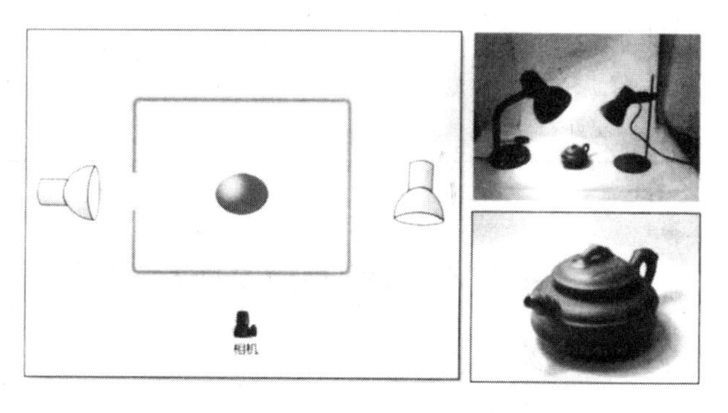

图3-22　单侧45°不均衡布光

3.2.4　前后交叉布光

从商品后侧打光可以表现出表面的层次感，如果两侧的光线还有明暗的差别，那么，既能表现出商品的层次又保全了所有的细节，比单纯关掉一侧灯光效果更好，如图3-23所示。

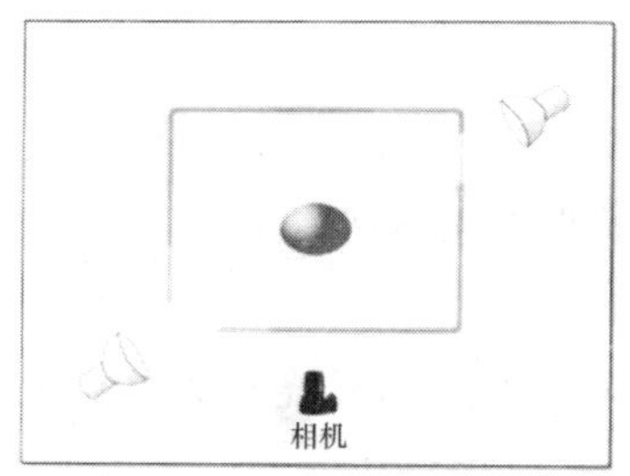

图3-23　前后交叉布光

我的目标

项目	技能要求
正面两侧布光	在商品拍摄中，正面两侧布光是最常见的布光方式，正面投射出来的光线全面而均衡，商品表现全面、不会有暗角
两侧45°布光	使商品的顶部受光，正面没有完全受光，适合拍摄外形扁平的小商品，不适合拍摄立体感较强且有一定高度的商品

续 表

项目	技能要求
单侧 45°不均衡布光	商品一侧出现严重阴影，底部的投影也很深，商品表面的很多细节无法得以呈现，同时，由于减少了环境光线，反而增加了拍摄的难度
前后交叉布光	从商品后侧打光可以表现出表面的层次感，如果两侧的光线还有明暗的差别，那么，既能表现出商品的层次又保全了所有的细节，比单纯关掉一侧灯光效果更好

3.3 不同材质商品的拍摄方法

我想了解

根据对光线的作用性质，物体可分为吸光物体、反光物体和透明物体。正确掌握拍摄不同物体的要点，有助于正确地展示商品。

我要知道

3.3.1 吸光物体

1. 吸光物体的特点

吸光物体在光线的投射下会形成完整的明暗层次。

2. 吸光体的用光表现

粗糙型吸光体适合使用稍硬的光质，方向性明显，光位以低位的侧光、侧逆光为佳；

平滑型吸光体可使用光质较软、光位较高的光线，光照要弱，可以使用间接光照明。

3. 控制光比

光比是指布光中主光和辅光的曝光比率，表现在画中就是亮部和暗部之间的反差。控制光比时，要先调整好主灯的曝光组合；关掉主灯后，测试一下辅光曝光量，如果过曝，将灯往后移动，如果曝光不足，将灯往前移。通过调整辅助光的强度，控制好光比。

4. 曝光组合方案

曝光组合方案，如表 3-3 所示。

表 3-3 曝光组合方案

曝光模式	白平衡	感光度 ISO	快门选择 1/s	光圈 f/n	曝光调整方案
M 模式	日光	100	125	16	随着灯光的角度和强度的变化，以及灯光与拍摄商品的距离微调，通过测光表的数，在实拍时对光圈值做或加或减的调整

5. 曝光方案

曝光方案如图 3-24、图 3-25 所示。

图 3-24 曝光方案(一)

图 3-25 曝光方案(二)

3.3.2 反光物体

1. 全反射型反光体的用光技巧

全反射型反光体应使用软光、散射光，发光要均匀，面积要大。如珍珠饰品合适使用“包围法布光”进行拍摄，如图 3-26 所示。

图 3-26 全反射光体的用光技巧

2. 半反射型反光体的用光技巧

半反射型反光体应使用软光、散射光,发光要均匀,面积要大,可使用反光伞、柔光箱等设备间接照明,避免产生映像和杂光。

3. 投影

投影基本的布光原则是被摄体投影只能有一个。在多光源布光时要设法保留一个投影,消除其他投影,还要尽量减少光源的数量,如图 3-27 所示。

4. 耀斑

光质的软硬影响耀斑的亮度。光源面积大小和耀斑面积大小成正比,光源形状影响耀斑形状。拍摄时要尽量控制耀斑数量,并且只能有一个主要耀斑,如图 3-28 所示。

图 3-27　投影

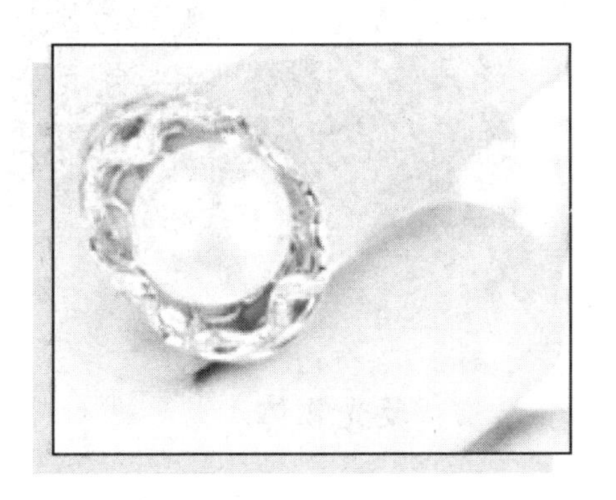

图 3-28　耀斑

5. 曝光组合

曝光组合,如图 3-4 所示。

表 3-4　曝光组合

曝光模式	白平衡	感光度 ISO	快门选择 1/s	光圈 f/n	曝光调整方案
M 模式	日光	100	60	22	随着灯光的角度和强度的变化,以及灯光与拍摄商品的距离微调,通过测光表的数,在实拍时对光圈值做或加或减的调整

6. 布光方案

布光方案,如图 3-29 所示。

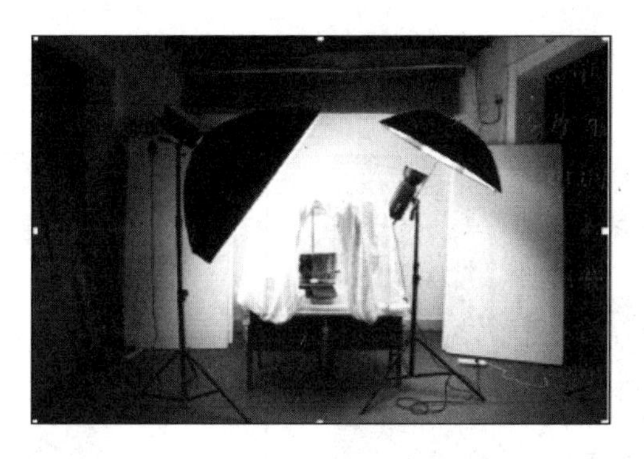

图 3-29 布光方案

3.3.3 透明物体

1. “明亮背景黑线条”的布光法

逆光布灯，折射现象。例如，用一张黑色卡纸，剪出与酒瓶外形形状相仿的一个窟窿，套在瓶身上进行拍摄，如图 3-30 所示。

2. “暗背景亮线条”的布光法

侧逆光布灯，反射现象，深色背景，散射光源，如图 3-31 所示。

图 3-30 “明亮背景黑线条”的布光法

图 3-31 “暗背景亮线条”的布光法

3. 曝光组合方案

曝光组合方案，如表 3-5 所示。

表 3-5 曝光组合方案

曝光模式	白平衡	感光度 ISO	快门选择 1/s	光圈 f/n	曝光调整方案
M 模式	日光	100	125	15	随着灯光的角度和强度的变化，以及灯光与拍摄商品的距离微调，通过测光表的数，在实拍时对光圈值做或加或减的调整

4. 布光方案

布光方案如图 3-32、图 3-33 所示。

图 3-32 布光方案(一)

图 3-33 布光方案(二)

我的目标

目标内容与要求		
项目	知识点	技能要求
吸光物体	吸光物体的特点 吸光体的用光表现 控制光比	粗糙型吸光体适合使用稍硬的光质,方向性明显,光位以低位的侧光、侧逆光为佳。 平滑型吸光体可使用光质较软、光位较高的光线,光照要弱,可以使用间接光照明
反光物体	全反射型反光体的用光技巧 半反射型反光体的用光技巧 投影 耀斑	全反射型反光体的用光技巧:使用软光、散射光,发光要均匀,面积要大。如珍珠饰品合适使用“包围法布光”进行拍摄。 半反射型反光体的用光技巧。 使用软光、散射光,发光要均匀,面积要大可使用反光伞、柔光箱等设备间接照明,避免产生映像和杂光。 投影的基本布光原则是被摄体投影只能有一个。在多光源布光时要设法保留一个投影,消除其他投影,还需要尽量减少光源的数量。 光质的软硬影响耀斑的亮度。光源面积大小和耀斑面积大小成正比,光源形状影响耀斑形状。拍摄时要尽量控制耀斑数量,并且只能有一个主要耀斑

续 表

目标内容与要求		
项目	知识点	技能要求
透明物体	“明亮背景黑线条”的布光法 “暗背景亮线条”的布光法 曝光组合方案	“明亮背景黑线条”的布光法： 逆光布灯，折射现象，例如，用一张黑色卡纸，剪出与酒瓶外形形状相仿的一个窟窿，套在瓶身上进行拍摄。 “暗背景亮线条”的布光法： 侧逆光布灯，反射现象，深色背景，散射光源

3.4 基本构图和商品的摆放技巧

我想了解

构图和商品的摆放，就是把摄入镜头的景和物进行合理组合，让拍摄的图片更加符合人们的视觉需要，也使其更美观。构图摆放决定着构思的实现，决定了作品的成败。

我要知道

3.4.1 基本构图

1. 横式构图

横式构图是商品成横向放置或横向排列的构图方式。这种排列方式给人以稳定、可靠的感觉，给人以安全感。但单一横线容易割裂画面，实际上在摄影中会经常出现横线，因此在摄影构图中忌讳横线从中心串过，一般情况下，可上移或下移躲开中心位置，摄影中所说的“破一破”就是在横线某一点上安排一个形态，使横线断开一段，如图 3-34 所示。

2. 竖式构图

竖式构图是商品竖向放置或竖向排列的构图方式。这种构图方式表现商品的高挑、秀朗，常用来表现长条的或竖直的商品，如图 3-35 所示。

图 3-34　横式构图

3. 斜线、对角线构图

斜线构图是商品斜向排列的方式，这是一个非常著名的构图表现方法。对角线构图在画面中，线所形成的对角关系，使画面产生了极强的动式，表现出纵深的效果，其透视使拍摄对象变成了斜线，引导人们的视线到画面深处，如图 3-36 所示。

图 3-35　竖式构图

图 3-36　斜线、对角线构图

4. 黄金分割构图

“黄金分割”是一种由古希腊人发明的几何学公式，遵循这一规则的构图形式被认为是“和谐”的，在欣赏一件形象作品时，这一规则的意义在于提供了一条被合理分割的几何线段，对许多画家、艺术家来说，“黄金分割”是他们在现时的创作中必须深入领会的一种指导方针，摄影师也不例外。

在摄影构图时，将画面的横向和纵向平均分成三份，线条交叉处称为趣味中心。当我们在观察一幅照片时，目光会优先被吸引到趣味中心的位置，所以在拍照时我们尽可能将主体事物安排在趣味中心的附近，如图 3-37、图 3-38 所示。

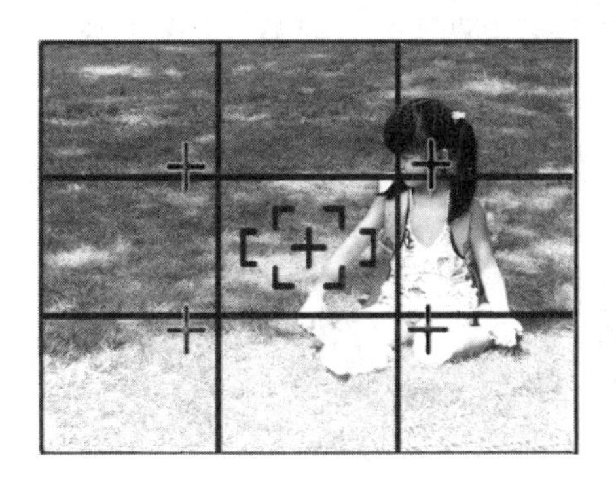

图 3-37 黄金分割构图(一)　　图 3-38 黄金分割构图(二)

5. 对称式构图

对称式构图是一种图表形式,具有平衡、稳定、相呼应的特点。对称式构图有动态对称和静止对称。对称式构图具有平衡、稳定、相呼应的特点,如图 3-39 所示。

图 3-39 对称式构图

3.4.2 商品的摆放

我们在拍摄商品照片之前,必须先将要拍摄的商品进行合理的组合,设计出一个最佳的摆放角度,为拍摄时的构图和取景做好前期准备工作。商品采用什么摆放角度和组合最能体现其产品性能、特点及价值,这是我们在拿起相机拍摄之前就要思考的问题,因为拍摄前的商品摆放决定了照片的基本构图。

商品的摆放其实也是一种陈列艺术,同样的商品使用不同的造型和摆放方式会带来不同的视觉效果。如图 3-40 所示,相同的指甲油由于摆放和组合方式的不同产生了完全不同的构图和陈列效果,很显然,左边的两张图片更具有商业价值。当顾客看到这四个卖家的商品图片时,会因视觉上出现的美感区别而产生出不同的感受，而这个感受将会直接影响到他们是否会购买这件商品。这就是商品照片和产品照片之间本质上的区别，因为商品照片归根结底是要刺激出消费者的购买欲，而视觉感受恰恰是他们价值判断中最重要的因素之一。

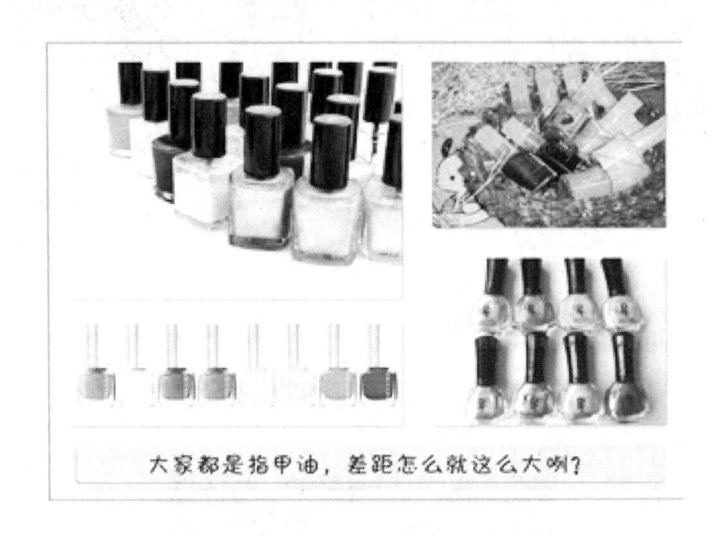

图 3-40 同样的商品使用不同的造型和摆放方式

1. 商品摆放的角度

如图 3-41 所示的是小首饰的几种摆放方式，我们可以将短的耳坠用垂直悬挂的方式来摆放，因为人类的视觉习惯是视点朝下，从这个角度看东西人们的眼皮感到最轻松，因此，这样的摆放方式可以使视觉中心正好落到耳坠的串珠造型上。

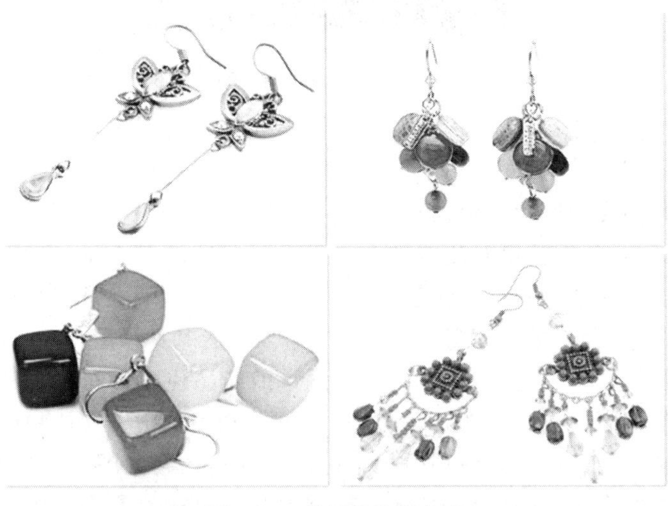

图 3-41 商品摆放的角度

糖果色的骰子耳钉的摆放看似随便往桌上一撒，其实仔细观察，我们可以很清楚地看到它们之间疏密关系：后面和右边的一颗离得稍远，前面一颗和左边的3颗靠在一起，形成了视觉的重心。我们的视线往往最容易被大面积的色块所吸引，这样的摆放不仅能够全面地展现商品的主题，而且恰当的疏密和距离还会消除视觉上的紧张感。

长的耳坠可以利用对角线的构图原理，呈45°角或八字形摆放，有效地缩短商品长度在构图中占用的空间，将我们的视觉中心自然地引到了商品的主要造型上。

2. 商品外形的二次设计

每一件产品从流水线上出来时就决定了它的外部形态，但是我们可以在拍摄时充分运用我们的想象力，来二次设计核美化商品的外部线条，使之呈现出一种独有的设计感和美感。

如图3-42所示的是皮鞋和皮带的摆放方式，这些鞋头上的花朵造型与鞋子的摆放形状浑然一体，此时，商品的外形已经由单只皮鞋变为一个圆形，视觉中心在鞋头的花朵和缤纷的色彩上；还可以利用斜边构图来摆放商品，使鞋子有正面与侧面、鞋头与后跟和距离远近上的对比，这样的摆放，店主想说明的主题一目了然。

皮带是条状的商品，在一定尺寸和比例的画面里，很难做到全景式呈现，因此，将皮带卷起来摆放可以有效地兼顾头尾。我们可以做自然的盘卷，以呈现时尚气质和散漫的美感；也可以做标准的盘卷，体现出陈列的秩序和整洁的商务风格；还可以在卷起来的瞬间松开，借助商品的张力来呈现出跳动的韵律和生命的活力。

图3-42 商品外形的二次设计

3. 红花还需绿叶配

时至今日，我们已经不再满足于仅仅展现商品的外观，在消费者越来越挑剔的目光下，商品的优势和价值、悠闲的生活节奏、小资情调和无法言说的意境都有可能成为打开他们心门的那一把钥匙。

如图 3-43 所示，在当今的网络零售行业，有越来越多的商家在拍摄商品照片时开始加入个人感情，以此来营造出一种购物的氛围，因此，网上的商品照片不再一成不变，不再拘泥于呆板的排列，偶尔也会呈现出小鸟依人的状态，糖霜、巧克力末、清澈的茶汤都是我们对“新鲜”二字的理解，这样的场景不需要过多的取景和构图技巧，随便一按快门就是一幅标准的静物写真。

图 3-43 商品摆放的氛围

4. 商品组合产生的韵味

在一件商品的摆放中找到主题很简单，要想在一堆花花绿绿的物体之间，一眼就能发现商家想要表达的主题，这就需要拍摄者具有一定的陈列水平。

如图 3-44 所示，上面两张图片的店主借鉴了舞台经验，下面的摆放不仅向我们展示了颜色和款式的选择，还带给我们了一种生活化的感受。

图 3-44 商品组合产生的韵味

5. 摆放的疏密和序列感

摆放多件商品时最难的是要兼顾造型的美感和构图的合理性，因为画面上内容多就容易显得喧闹和杂乱，此时，采用有序列感和疏密相间的摆放就能很好地兼顾这两点，使画面显得饱满、丰富，而又不失节奏感和韵律感。

如图 3-45 所示的彩色小发夹的摆放方式，这样的小物件往往需要通过一定的队列方式来摆放才会显得井然有序；左图的发夹正面的照片颜色成片，侧面的照片颜色成线，在随意摆放时又特别注意了发夹与发夹之间的距离和疏密度，增加了构图上的透气性，给人一种视觉上的享受。

图 3-45　摆放的疏密和序列感

右边的蝴蝶结发夹不断地变换阵型和领队，不同的色彩排在一起会产生不同的视觉美感：当黄色排在粉色后面时，色感减弱，相对来说对视觉的刺激不够；当它与紫色和蓝色排在一起时，由对比色产生出来的视觉差异就很容易让我们注意到它。通过这样阵型的变换，每一个颜色都有机会跳出来，每一个发夹都有被消费者青睐的机会。

6. 表里一致蕴含的商品价值

商家有自己对商品价值的判断，消费者也自有其不同的判断标准，他们更关注于商品的内在和细节，因此，适当地展示商品的内部构造是消除顾客担忧的重要手段，下面这两张图片就很好地做到了这一点。

如图 3-46 所示，很少有书籍类商家会想到用镜头帮顾客翻书，但是这样的需求的确存在，谁都不愿意为一件不可预料的事物去承担风险，因此，消费者除了看商品的外部形态，还希望看看商品的内部结构：这本书是普通胶印还是铜版纸彩印，有什么样的图文内容，钱夹是否有放置信用卡的空间，内部是纺织品面料还是皮料……明白了顾客想了解什么样的商品信息，我们就可以在拍摄时通过适当的摆放来满足这种需求，因此，商品的摆放不仅是拍摄前的基础工作，也是构图的基础，我们不仅要利用相机拍出漂亮的商品图片，还要帮助相机捕捉有故事的商业图片。

图 3-46 表里一致蕴含的商品价值

3.4.3 拍摄流程

(1) 尽量避免产生过重的阴影，在拍摄过程中，需要注意根据所需效果，不断调整灯光与相机。

(2) 服装类，每款最少拍摄十张以上。

① 平铺：正面、反面、配套、细节、里料、吊牌等。

② 模特：正面、反面、侧面、混搭等。

③ 颜色：同一款色，不同颜色最少要有一张以上。

④ 对比：将所有颜色叠放一起拍摄。

(3) 产品类和食品类：每款产品最少拍摄五张以上。

① 包装：正面、侧面。

② 拆包后：各面一张。

③ 能够拍到里料的尽量多拍。

3.4.4 相片最终效果

(1) 尽量接近实物，尽量不做修改(剪切图片大小除外)。

(2) 裁剪后尺寸统一为 650 像素×650 像素或 650 像素×X 像素(高度不限，即把同一款商品全部拼接到一张图片，方便上传网站)。

(3) 所有商品加上水印，保护版权。

我的目标

目标内容与要求		
项目	知识点	技能要求
基本构图	横式构图 竖式构图 斜线、对角线构图 黄金分割构图 对称式构图	横式构图是商品成横向放置或横向排列的构图方式，这种排列方式给人以稳定、可靠的感觉，给人以安全感。 竖式构图是商品竖向放置或竖向排列的构图方式，这种构图方式表现商品的高挑、秀朗。常用来表现长条的或竖直的商品。 斜线构图是商品斜向排列的方式，这是一个非常著名的构图表现方法，对角线构图在画面中，线所形成的对角关系，使画面产生了极强的动式，表现出纵深的效果。 “黄金分割”是一种由古希腊人发明的几何学公式，遵循这一规则的构图形式被认为是“和谐”的，在欣赏一件形象作品时，这一规则的意义在于提供了一条被合理分割的几何线段，对许多画家、艺术家来说，“黄金分割”是他们在现时的创作中必须深入领会的一种指导方针，摄影师也不例外。 对称式构图是一种图表形式，具有平衡、稳定、相呼应的特点，包括有动态对称、静止对称两种
商品的摆放	商品摆放的角度 商品外形的二次设计	红花还需绿叶配，商品组合产生的韵味，摆放的疏密和序列感，表里一致蕴含的商品价值。 每一件产品从流水线上出来时就决定了它的外部形态，但是我们可以在拍摄时充分运用我们的想象力，来二次设计核美化商品的外部线条，使之呈现出一种独有的设计感和美感

第4章 我的地盘我做主——店铺装饰个性化推广

4.1 促销广告设计

我想了解

当消费者被各种广告和促销信息包围，如何让自己的广告争取到更多的点击率？

我要知道

设计的好坏决定了点击率的多少，直接影响广告投入的收益比例甚至盈亏。主题突出、目标明确、形式美观，这三个标准是促销广告的基本标准，这个标准正是有效视觉传达的标准。

4.1.1 主题突出

1. 第一主题

促销广告必须有一个主题，其余元素全部围绕这个主题展开。促销内容往往是价格、折扣和其他促销信息，这个信息是要作为焦点放在视觉中心上，被放大和突出，以达到吸引消费者的目的。

如图 4-1 所示，主题是轻盈舒适的穿着体验，圆形的旋转符号、羽毛和鞋一起的插图、淡雅清爽的色彩全部围绕这个主题展开。

2. 分层次传达信息

信息的传达是分层次展开的，和语言逻辑一样，设计的逻辑也是分层次传达展开的。

(1) 明星及其代言产品往往是吸引眼球的手段；

(2) 突出活动，作为第一层是层级信息被强化。

图 4-1 主题轻盈舒适的穿着体验

(3) 产品信息是第二层级。

信息传达的层次性可以根据被传达产品的内容展开，第一层、第二层需要被阅读，属于逻辑思维，第三层以后属于视觉思维，多数起到美化暗示作用，不作为产品信息但也能被记忆，如图 4-2 所示。

图 4-2 产品信息的传达

3. 通过形式强化内容

通过形式强化内容，但是形式不可大于内容。形式大于内容会干扰从而弱化内容，使主要信息不被重视。

如图 4-3 所示，这两张图哪张促销力度更大呢？上图放大主要促销信息，使用颜色、字号、位置来突出促销信息，下图重点放在了字体颜色上，虽然下图的字体设计很下功夫，但是五折的广告看起来没有七折的便宜。这就是形式大于了内容。

图 4-3　通过形式强化内容

4. 多主题的组合表现

如图 4-4 所示，把两张广告作对比，上一张图要逊于下一张图的效果，在同一个画面中只表现一个主题比较占优势。

图 4-4　多主题的组合表现

4.1.2　目标明确

1. 目标人群审美特征一

不同的审美人群审美目标不同，如图 4-5 所示，这两张广告画面板式结构是相似的。但两个广告一个是针对白领，另一个是针对学生，所以在字体、颜色和细节上都有不同。上一张图用到的字体很正规，色彩是金色的，这些都能让画面更有质感，并打动目标用户白领女性。而下面一张图字体活泼，色彩稚嫩，文案是“可爱俏皮时尚”，会使目标用户——年轻女性更加喜欢。

图 4-5　目标人群审美特征一

2. 目标人群审美特征二

模特要与目标人群特征吻合，也要与产品特点吻合。心理学上的投射效应告诉我们，要让消费者把自己想象成画面上的模特，在模特的选择上要应用这个原理。投射心理要求模特的选择要符合目标人群的心理期望年龄。例如，目标为十三四岁的人群，模特要选十五六岁的；符合 30 岁人群的产品，模特要选 20 岁的。如图 4-6 所示。

图 4-6　目标人群审美特征二

4.1.3 形式美观

1. 色彩

色彩基调产生色彩情感，而色彩对比增加画面空间感、饱和度对比、冷暖对比、明度对比，如图 4-7 所示。

图 4-7 色彩的对比

简单的控制颜色的方法是用色不超过三种，并按照 6∶3∶1 的比例配置。就是说 3 种颜色的面积对比是 6∶3∶1。比如红色为主色调，那么其面积应达到 60%；辅助色的颜色要选择主色的色相环 15°半径内的色彩，比如橙色或紫色，它的面积占到 30%；对比色的色彩选择色相环对角线上的色彩，即角度在 180°左右的，它的面积在 10%左右，这个对比色虽然面积很小，但缺失的话，画面就会缺乏层次。

2. 字体

字体纷繁复杂，中文有数千个，英文有数十万个，怎样选择合适的字体呢？把字体按照不同目标类型、风格，分成若干种常用的字体，建立常用字体库，养成好习惯，做好常用模板，如图 4-8 所示。

图 4-8 字体的选择

3. 标签

在广告设计中我们经常要用到一些标签，比如价格标签、促销内容标签，这些标签设计也要符合产品特点，如图 4-9 所示。

图 4-9　标签的运用

4. 引导

明确的按钮和箭头都会对买家产生不可低估的心理暗示。为什么我们在网页上显示的按钮和家里遥控器上的一样，看起来有立体感，因为这些触觉暗示是在提醒我们去点击，如图 4-10 所示。

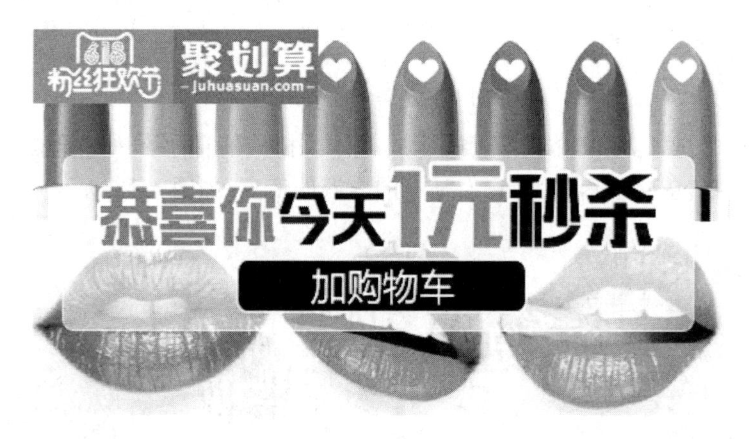

图 4-10　引导的运用

5. 构图

平衡，画面的平衡感取决于各元素的"视觉重量"。视觉心理学告诉我们，人在读取图片的时候会把横向边框看成水平线，竖向边框看成是垂直线。画面中心看成重量中心，所以在构图上，“画面重量”的把握就是很关键的因素了，如图 4-11 所示。

图 4-11 构图的运用

势能，是对平衡有意识地破坏，以增加注意力，如图 4-12 所示。

图 4-12 势能的运用

集群，人们总是把位置靠得近的看成一体。相关信息放在一起会被一次性阅读，而分散的信息会暗示读者，它们是不同内容的信息，如图 4-13 所示。

图 4-13 集群的运用

间隙，空白空间是画面语言的标点符号，广告敢于留有大量空白，并且段间距、行间距、正文和标题的距离都很有讲究，体现了质感和品位，如图 4-14 所示。

图 4-14 间隙的运用

我的目标

目标内容与要求

项目	知识点	技能要求
主题突出	第一主题 分层次传达信息 通过形式强化内容 多主题的组合表现	促销广告必须有一个主题，其余元素全部围绕这个主题展开。 信息的传达是分层次展开的，和语言逻辑一样，设计的逻辑也是分层次传达展开的。 通过形式强化内容，但是形式不可大于内容。形式大于内容会干扰从而弱化内容，使主要信息不被重视。 在同一个画面中只表现一个主题比较占优势
目标明确	目标人群审美特征一 目标人群审美特征二	不同的审美人群审美目标不同。 模特要与目标人群特征吻合，也要与产品特点吻合
形式美观	色彩 字体 标签 构图 引导	色彩基调产生色彩情感，而色彩对比增加画面空间感、饱和度对比、冷暖对比、明度对比。 把字体按照不同目标类型、风格，分成若干种常用的字体，建立常用字体库，养成好习惯，做好常用模板。 在广告设计中我们经常要用到一些标签，比如价格标签、促销内容标签，这些标签设计也要符合产品特点。 明确的按钮和箭头都会对买家产生不可低估的心理暗示。 平衡，画面的平衡感取决于各元素的“视觉重量”。 势能，是对平衡有意识的破坏，以增加注意力。 集群，人们总是把位置靠的近的看成一体。 间隙，空白空间是画面语言的标点符号，广告敢于留有大量空白，并且段间距、行间距、正文和标题的距离都很有讲究，体现了质感和品位

4.2 店铺 Logo

我想了解

Logo 是店铺形象的代言，在店铺页面和商品中反复强调并摆放 Logo，可以让顾客产生重复记忆，从而形成对店铺品牌的烙印。

我要知道

4.2.1 Logo 的意义

Logo 也称标志，具有识别、领导、统一、革新等特性。通过造型简单、意义明确、统一标准的视觉符号，将经营理念、企业文化、经营内容、企业规模、产品特性等传递给买家，使之识别和认同店铺的图案与文字。

首先，识别性是标志重要功能之一，特点鲜明、容易辨认和记忆、含义深刻、造型优美的标志，能够区别与其他企业、店铺、产品或服务，使受众对企业留下深刻印象，从而提升了 Logo 设计的重要性。其次，Logo 是企业视觉传达要素的核心，也是企业开展信息传播的主导力量。Logo 的领导地位是企业经营理念和活动的集中体现，贯穿于企业所有的经营活动中，具有权威性的领导作用。最后，Logo 代表着企业的经营理念、文化特色、价值取向，反映店铺、企业的产业特点和经营思路，是企业精神的具体象征。

4.2.2 Logo 的分类

Logo 主要有三种形式：① 字体 Logo，基于文字的 Logo；② 具象 Logo，使用直接与公司类型相关的图形（比如服装店使用衣服作为 Logo）；③ 抽象 Logo，图形与公司类型并无明显联系，可能更多地基于一种感觉或情绪。

1. 字体 Logo

字体 Logo 非常普遍，通常是在某种现有字体上进行扭曲与变化。字体 Logo 尤其适用于多元化的企业。

著名的可口可乐标志就是字体 Logo，选用的是在白色的底色上印着红色的斯宾塞体草书“Coca-Cola”字样，红字在白底的衬托下，有一种悠然的跳动之态，草书则给人以连贯、流线和飘逸之感。红白相间，用色传统，显得古朴、典雅而又不失活力。尽管很多不同关于“可口可乐”这个名字的传说，其实“可口可乐”的英文名字是由彭伯顿当时的助手及合伙人会计员罗宾逊命名的。他自己是一个古典书法家，他认为“两个大写 C 字会很好看”，因此用了“Coca-Cola”，“coca”是从可可树叶子中提炼的香料，“cola”是可可果中取出的成分。其 Logo 如图 4-15 所示。

图 4-15　可口可乐的 Logo

淘宝的 Logo 是国内著名的字体标志，一方面，淘宝图标为一个橘黄色的“淘”字，代表了在这里人们可以在海量的物品中，淘到既优质又实惠的物品；另一方面，该图标做成了好像在喊话的形式，象征号召大家赶紧行动，让客户在视觉上就有种想马上去淘宝的感觉，达到了视觉营销效应。其 Logo 如图 4-16 所示。

图 4-16　淘宝大学的 Logo

“红火蜀香”汉字的 Logo 是个很棒的字体 Logo 案例，整体风格古色古香，将图形融入汉字。汉字的某些笔画造型来源于火的形状，而其中一个笔画又融入了红辣椒的造型，使人联想到传统的川味，由辣而产生的味觉体验，这个绝佳案例提升了字体 Logo 所能达到的感观效果，如图 4-17 所示。

图 4-17　“红火蜀香”的 Logo

2. 具象 Logo

具象 Logo 也非常普遍，能够直接提供公司名称的含义。通常，小型企业似乎特别喜欢这类 Logo。部分原因可能是这些 Logo 容易辨认，只留给大家很少的开放性解释空间(尽管有些公司也很聪明地运用了双关含义和隐藏图形)。

例如天猫商城 Logo，2012 年 1 月 11 日，淘宝商城在北京举行战略发布会，宣布更换中文品牌“淘宝商城”为“天猫”。淘宝商城总裁张勇表示，取这个名字一方面是因为“天猫”跟 tmall 发音接近，另一方面是因为随着 B2C 的发展，消费者需要全新的、与阿里巴巴大平台挂钩的代名词，“天猫”将提供一个定位和风格更加清晰的消费平台。猫是性感而有品位的，天猫网购代表的就是时尚、性感、潮流和品质；猫天生挑剔，挑剔品质，挑剔品牌，挑剔环境，这恰好就是天猫网购要全力打造的品质之城，如图 4-18 所示。

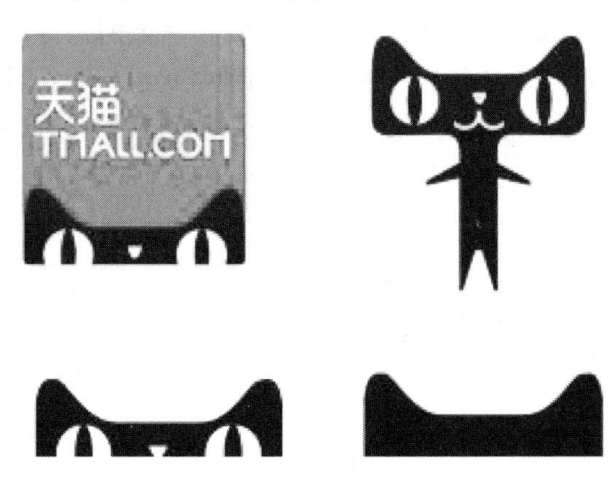

图 4-18　天猫 Logo

中国银行是中国金融商界的代表，要求体现中国特色。设计者采用了中国古钱与“中”字为基本形状，古钱图形是圆与形的框线设计，中间方孔，上下加垂直线，成为“中”字形状，寓意天方地圆，经济为本，给人的感觉是简洁、稳重、易识别，寓意深刻，颇具中国风格。中国银行的标志之所以能够给人们留下如此深刻的印象，我想这主要还是得归功于一直以来人们对象征财富的古代铜钱形象的根深蒂固的认识吧，如图 4-19 所示。

我国铁路路徽的图案代表机车的正面，其中，外圈是人字形的象形，代表人民；工是铁轨的横断面，代表铁路。整个意义表示人民铁道，如图 4-20 所示。

3. 抽象 Logo

抽象 Logo 同样适用于多元化企业，因为它们传达出的是情绪和基调，而非具体的公司类型。一个 Logo 未必需要直接反映出公司是做什么的，如 Nike 旋风或 Apple 的 Logo。

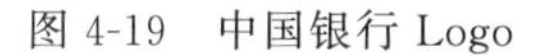

图 4-19　中国银行 Logo

图 4-20　中国铁路路徽

耐克商标象征着希腊胜利女神翅膀的羽毛，代表着速度，同时也代表着动感和轻柔，如图 4-21 所示。

图 4-21　耐克商标

苹果公司的商标是一个被咬了一口的苹果。苹果为什么是要咬了一口的？苹果在希腊神话中，是智慧的象征，当初亚当和夏娃就是吃了苹果才变得有思想，现在引申为科技的未知领域。苹果公司的标志是咬了一口的苹果，表明了他们勇于向科学进军，探索未知领域的理想，如图 4-22 所示。

图 4-22　苹果公司的商标

阿迪达斯三条纹标志是由阿迪达斯的创办人阿迪·达斯勒设计的,三条纹的阿迪达斯标志代表山区,指出实现挑战、成就未来和不断达成目标的愿望。如图 4-23所示。

图 4-23 阿迪达斯的商标

4.2.3 创作店铺 Logo

店铺 Logo 设计既要有新颖独特的创意来表现产品个性特征,又要用形象化的艺术语言表达出来。因此 Logo 的设计应注重简洁鲜明,富有感染力,引人注目,易于识别,易于理解和记忆;要优美精致,符合美学原理,要讲究点线面等造型要素,在符合形式规律的运用中,构成独特的美感。

1. 常用的表现手法

(1) 几何形构成法

几何形构成法是用点、线、面、方、圆、多边形或三维空间等几何图形来设计 Logo 的。新浪的 Logo 底色是白色,文字"Sina"和"新浪"是黑色,其中字母"i"上的点用了表象性手法处理成一只眼睛,而这又使整个字母"i"像一个小火炬,这样,即向人们传达了"世界在你眼中"的理念,激发人们对网络世界的好奇,又使人们容易记住新浪网的域名,如图 4-24 所示。

图 4-24 新浪网的 Logo

（2）卡通化手法

卡通化手法是指通过夸张、幽默的卡通图像来设计 Logo。搜狐的 Logo 比较特别，主要由两部分组成，一是文字，中英文名称，字体选择较古典；二是小狐狸图，机灵狡猾的样子。搜狐网站随各个页面的色调不同而放置不同色彩的 Logo，但 Logo 的基本内容不变，如图 4-25 所示。

图 4-25　搜狐的 Logo

（3）标识性手法

标识性手法是用标志、文字、字母的表音符号来设计 Logo 的。例如，英文 Yahoo 字母间的排列和组合很讲究动态效果，加上 Yahoo 这个词的音感强，使人一见就仿佛要生惊讶而不禁自问："Do you Yahoo?"，如图 4-26 所示。

图 4-26　雅虎的 Logo

2. Logo 的标准色

因为人们对色彩的反应比对形状的反应更为敏锐和直接，更能激发情感，所以在 Logo 的设计中，需要掌握色彩的运用技巧。

基色要相对稳定，强调色彩的形式感，比如重色块、线条的组合。强调色彩的记忆感和感情规律，比如黄色代表富丽、明快，橙红给人温暖、热烈感；蓝色、紫色、绿色使人凉爽、沉静，茶色、熟褐色令人联想到浓郁的香味。合理地使用色彩的对比关系，色彩的对比能产生强烈的视觉效果，而色彩的调和则构成空间层次，如图 4-27 所示。

3. Logo 的尺寸

外观尺寸和基本色调要根据站点页面的整体版面设计来确定，而且要考虑到在印刷、制作过程中进行放缩等处理时的效果变化，以便 Logo 能在各种媒体上保持相对稳定。

图 4-27　Logo 的标准色

我的目标

目标内容与要求

项目	知识点	技能要求
Logo 的意义	Logo 也称标志，具有识别、领导、统一、革新等特性	通过造型简单、意义明确、统一标准的视觉符号，将经营理念、企业文化、经营内容、企业规模、产品特性等传递给买家，使之识别和认同店铺的图案和文字
Logo 的分类	字体 Logo 具象图形 抽象图形	字体 Logo 非常普遍，通常是在某种现有字体上进行扭曲与变化。字体 Logo 尤其适用于多元化的企业。 具象 Logo 也非常普遍，能够直接提供公司名称的含义。 抽象图形 Logo 同样适用于多元化企业，因为它们传达出的是情绪和基调，而非具体的公司类型
创作店铺 Logo	Logo 常用的表现手法 Logo 的标准色 Logo 的尺寸	几何形构成法是用点、线、面、方、圆、多边形或三维空间等几何图形来设计 Logo 的。 卡通化手法通过夸张、幽默的卡通图像来设计 Logo。 标识性手法是用标志、文字、字母的表音符号来设计 Logo 的。 因为人们对色彩的反应比对形状的反应更为敏锐和直接，更能激发情感，所以在 Logo 设计中，需要掌握色彩的运用技巧。 外观尺寸和基本色调要根据站点页面的整体版面设计来确定，而且要考虑到在印刷、制作过程中进行放缩等处理时的效果变化，以便 Logo 能在各种媒体上保持相对稳定